일상에서 지리를 만나다

일상에서 지리를 만나다

2판 1쇄 발행 2025년 6월 23일

지은이 이경한
펴낸이 김선기
펴낸곳 (주)푸른길
출판등록 1996년 4월 12일 제16-1292호
주소 (08377) 서울시 구로구 디지털로 33길 48 대륭포스트타워 7차 1008호
전화 02-523-2907, 6942-9570~2
팩스 02-523-2951
이메일 purungilbook@naver.com
홈페이지 www.purungil.com

ISBN 979-11-7267-049-8 03980

ⓒ 이경한, 2025

*이 책은 (주)푸른길과 저작권자와의 계약에 따라 보호받는 저작물이므로 본사의 서면 허락 없이는 어떠한 형태나 수단으로도 이 책의 내용을 이용하지 못합니다.

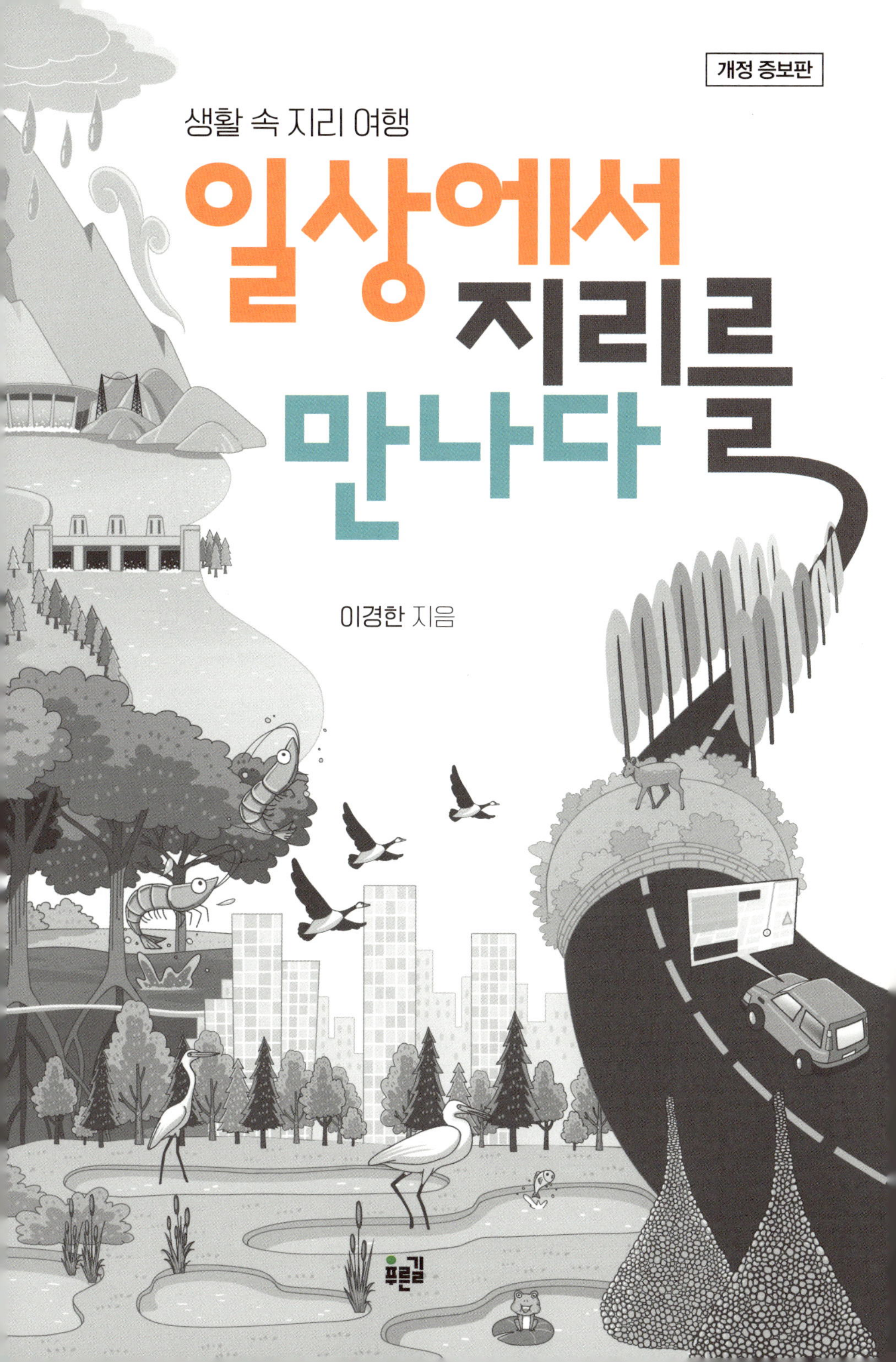

개정 증보판

생활 속 지리 여행

일상에서 지리를 만나다

이경한 지음

푸른길

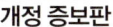

머리말

우리는 일상의 삶 속에서 항상 지리를 만나면서 살아간다. 우리가 만나는 지리는 자연환경과 인문환경을 총체적으로 담은 소우주이다. 우리는 저마다 나름의 소우주 안에서 상호 연계성을 가지고 삶을 살아간다. 그 연계는 글로벌 사회에서 온 세계로 확대, 심화하고 있다. 일상에서 만나는 지리이자 소우주를 적극적으로 이해할 필요가 여기에 있다.

이 책은 우리가 일상에서 만나는 현상들을 지리적 관점으로 낯설고도 친숙하게 바라볼 수 있는 안목을 제시해 주고 있다. 우리의 일상에서 마주하는 입지, 환경, 사회와 문화, 지형경관, 기후와 식생, 그리고 경제 활동에 관한 73가지의 지리적 현상을 다루고 있는데, 이 책을 읽다 보면 우리가 생활하면서 접하는 장소, 사람, 환경, 사회, 문화, 경제 등에 관하여 놀라움을 가지고 호기심 어린 눈으로 바라볼 수 있을 것이다. 그리고 우리의 일상이 생각보다 훨씬 더 지리를 바탕으로 이루어지며 세계와 한 몸으로 연계되어 있음을 알게 될 것이다.

이 책을 통하여 날마다 일상에서 지리를 만나길 바란다. 그리고 자기의 삶 속에서 자신만의 지리를 찾고 만나길 기대한다. 지리를 만나는 순간 우리의 삶은 더욱 새롭고 의미있게 다가올 것이다.

이 책을 아름답게 편집하고 만들어주신 ㈜푸른길 편집부에 깊은 감사를 드립니다.

2025년 6월

이경한

사랑하는 아내, 고은진高恩珍에게

■ 차례

머리말 *4*

제1장 입지

영화관에서 가장 좋은 자리는? *13*
납골당에도 로열층이 있다?! *17*
비행기를 탈 때도 자리가 중요하다 *20*
앉은 자리를 보면 성적이 보인다 *24*
길치를 돕는 내비게이션, 길치를 만드는 내비게이션 *27*
내 손안의 똑똑한 길잡이 스마트폰 *30*
친구 따라 강남 간다? 병원 따라 옮기는 약국 *34*

제2장 환경

하나의 체계, 지구촌에서 산다 *39*
구사일생 살아남은 담양의 메타세쿼이아 *43*
하늘의 불청객, 황사 *47*
사람들이 흐르는 도시의 회랑 *51*
카페에서 드는 커피랜드의 불편한 마음 *55*
물 관리의 빛과 그림자, 댐 *58*
새만금 간척지, 해수 유통이 필요하다 *62*
도시의 습지에 새가 날아오다 *65*
생태 통로, 야생 동물이 지나가고 있어요! *68*
천덕꾸러기가 된 하천의 보 *72*
바닷가 모래사장이 사라진다 *76*

해안가의 대형 리조트는 자본으로 경관을 지배하는가?　*80*
검은 암석에 암각화로 생활을 남기다　*83*
둠벙: 생태계의 지혜를 주는 작은 연못　*86*
새우 양식과 맹그로브 숲의 관계를 생각한다　*90*
마을숲: 환경에의 적응과 지속 가능성　*93*
송전 선로의 문제: 전력의 생산지와 소비지의 불일치가 빚은 갈등　*97*

제3장　사회와 문화

영토를 놓고 벌이는 한중일 삼국지　*103*
백두대간과 태백산맥 사이　*107*
호남평야의 프런티어, 벽골제　*112*
샤워를 하면서 네트워크를 생각하다　*115*
부자 동네와 가난한 동네　*118*
이곳에서 저곳으로, 확산의 과정　*122*
식문화의 혼종성　*126*
식탁에서는 어느 자리에 앉을까?　*129*
너와 내가 걷는 길은 같은 길? 다른 길?　*132*
집을 찾는 두 가지 방법　*135*
객리단 거리의 젠트리피케이션　*139*

제4장　지형 경관

구하도에 사람이 모인다　*145*
물돌이의 힘: 진안 천반산의 감입곡류　*148*
순천만 갯벌에서 지속 가능한 세상을 본다　*151*
지형의 과거를 담은 지문, 고위 평탄면　*155*
마이산탑으로 되살아난 마이산의 풍화혈　*158*
부석, 하늘로 떠오른 돌　*162*

산사태가 남긴 여름날의 상흔 *166*
풍화 속에서 피어난 꽃, 흔들바위와 울산바위 *169*
천정천, 하늘로 오르는 하천 *173*
바람과 모래가 만든 사구 *176*
강은 산을 넘는다 *180*
국토를 밝히는 삼각점 *184*
만리장성은 분수계 위에 있다 *187*
차령은 비를 그치게 한다 *190*

제5장 기후와 식생

더위를 식히는 스콜 *195*
꽃샘추위, 봄의 전령사인가, 겨울의 시샘인가 *198*
호랑가시나무의 북방 진출기 *201*
산사에서 내화수림대를 보다 *204*
지리산은 높이마다 모습이 다르다 *207*
환경 적응의 기억 코드, 편향수와 방풍림 *210*
열섬이 최고 온도 지역을 바꾼다 *214*
태백산맥을 삼킨 화마의 일등공신, 높새바람 *217*
강력한 폭풍 바람, 양간지풍이 분다 *221*
안반데기의 고랭지 배추 *225*

제6장 경제 활동

원시 어업, 밀물과 썰물로 물고기를 잡다 *231*
유유상종의 지혜 *236*
정비소에 앉아 연계를 배우다 *239*
프랜차이즈의 약과 독 *242*
자연을 거스르지 않고 단점을 장점으로, 유역 변경식 발전소 *245*

고추장 하면 떠오르는 순창, 그 이유는?　*248*
경관 농업, 이미지를 파는 농촌　*251*
제3세계 노동자와 공존을 모색하다　*254*
터미널은 지역 간 이동의 전진 기지다　*257*
편의점: 일상의 삶을 영위하는 장소　*260*
인터넷 플랫폼 시장: 문전 연결성의 강화를 가져온 구매 시장　*263*
하우스 감자는 봄 감자의 대명사　*266*
제주의 마을 어장과 해녀 문화에서 본 공유 경제　*270*
생활 인구: 인구 감소 지역의 살아남기 위한 몸부림　*273*

제1장
입지

영화관에서 가장 좋은 자리는?

　전주시 영화의 거리에는 크고 작은 영화관이 많이 있다. 영화를 보는 사람들이 저리도 많을까 부질없는 걱정도 해 본다. 우리 영화들이 미국의 블록버스터blockbuster 영화에 맞서서 버티고 있는 것만으로도 대견하다. 이렇게 영화관을 찾는 사람들이 그 파수꾼일 것이다. 나 역시 그 대열에 동참하고 문화적 소양도 높일 겸해서 영화관으로 향했다.

　기왕 팝콘과 음료수도 하나씩 사 들었다. 요즘은 옛날과 달리 상영관을 여러 개 두고 있어서 상영관을 제대로 확인해야 하는 번거로움이 있다. 오늘 내가 볼 영화를 상영하는 곳은 H관. 엘리베이터에 몸을 싣고 5층에 있는 H관을 찾아갔다. 그리고 자리를 찾기 위해 영화 관람권의 좌석 번호를 보니 I줄의 11열이었다. 눈이 어둠에 적응을 한 뒤에야 좌석을 찾을 수 있었다. 사람들 사이를 지나 내 자리에 앉아서 가장 편한 자세를 취했다.

영화관에서 내 자리를 찾을 때 좌석 배치도를 참고하면 찾는 번거로움을 줄일 수 있다.

　영화관의 좌석은 오와 열을 잘 갖추고 있다. 수백 석이 넘는 좌석 중에 내 자리가 있지만 좌석 번호 덕분에 쉬이 찾을 수 있다. 영화관은 보통 직사각형이며, 스크린이 있는 앞쪽이 낮고 뒤쪽으로 갈수록 높아진다. 그리고 비상구 표시도 되어 있다. 바닥에는 붉은 양탄자가 깔려 있고, 계단에는 발걸음을 인도하는 작은 유도등이 있다.

　잠시 후 영화 상영이 시작되었다. 보통 영화는 1시간 30분 정도 상영된다. 상당히 긴 시간 동안 쉼 없이 스크린을 바라봐야 한다. 나는 영화광도 아니고 영화를 자주 보는 편도 아니어서 상영 시간 내내 영화에 몰입하는 것은 쉬운 일이 아니다. 목도 아프고 허리가 불편할 때도 많다. 허리의 불편함은 의자의 재질이나 각도 혹은 앉는 자세로부터 영향을 받는다. 그런데 오늘은 상영 시간이 1시간을 넘어도 불편하지 않았다. 내가 앉은 좌석이 눈을 많이 움직일 필요도 없고, 고개를 들거나 숙일 필요도 없어서 목이 피곤하지 않은 위치였기 때문이다.

영화관에는 가장 좋은 자리가 있다. 수직적으로는 영화관 스크린의 중앙과 내 눈의 높이가 일치하는 위치, 수평적으로는 영화관 스크린의 정중앙에 해당하는 위치다. 그 수직과 수평의 위치를 차지하고 있는 좌석이 영화관의 최적 입지最適立地이다. 눈의 시야는 상하로는 45°, 좌우로는 약 120°의 범위 안이 가장 편하다. 이 좌석은 영화를 보면서 에너지의 소비를 최소화할 수 있는 곳이다. 다시 말하여 관람객이 자신의 목을 가장 편안한 각도로 유지할 수 있고, 영화관의 스크린 전체가 자연스럽

영화관의 최적 입지는 스크린 전체가 자연스럽게 시야로 들어오는 곳이다. 이런 곳은 눈에 보이지 않는 경쟁이 심하므로 표를 미리 예매하는 것이 상책이다. (사진: 한국관광공사 포토코리아–비켄)

게 시야로 들어오는 곳이 영화관에서의 최적 입지이다.

그런데 이러한 최적 입지에는 조건이 있다. 관람객이 영화를 보는 것에만 관심을 두어야 하고, 최소 에너지 소비를 지향하는 경제인이어야 한다는 점이다. 그렇지 않은, 예를 들어 영화보다는 남녀상열지사에 관심이 많은 관람객에게는 최적 입지가 아닐 수 있다. 이런 사람들은 후미진 구석 자리를 찾아가고 싶은 마음이 크기 때문이다.

대개 진정한 영화광들은 각 영화관의 최적 입지를 이미 알고 있다. 이런 좌석은 눈에 보이지 않는 경쟁이 심하므로 표를 미리 예매하는 것이 상책이다. 일찍 서둘러 인터넷이나 영화관 키오스크에서 최적 입지의 좌석을 예약해 두는 부지런함은 영화를 보는 재미를 한층 더해 준다.

납골당에도 로열층이 있다?!

꽃샘추위가 극성을 부리던 주말 오후에 문상을 갔다. 절친한 친구의 슬픔을 함께 나누고 돌아가신 이를 애도하기 위함이었다. 고인은 화장을 하여 어느 사설 납골당에 모셔졌다.

전통적으로 우리는 죽은 자의 공간을 땅속에 두었다. 좌청룡 우백호를 가진 산세와 경관, 남쪽의 따뜻한 햇볕, 평지와 경사지가 만나는 경사 급변점이 있는 곳을 명당明堂, 즉 죽은 자에게 좋은 공간으로 생각하였다. 그러나 좁은 국토에 묘지가 들어설 공간이 모자라기 시작하자 비판이 일기 시작하였다. 그 대안으로 나온 방식이 화장한 유골을 나무 아래에 묻는 수목장, 가족의 유골만을 모신 가족 납골묘, 아파트식 공동묘지에 유골을 모시는 납골당 등이다. 흙에서 나와 흙으로 돌아가는 과거의 매장 문화에서 죽은 자를 납골당에 모시는 추모 문화로 전환되고 있다. 화장률이 90%를 넘어선 지금 납골당이나 납골묘는 대세가 되었다.

이제는 대세가 된 아파트형 납골당. 모두 균등한 면적을 차지하고 있어도 가격은 자리에 따라 다르다.

　납골당은 다닥다닥 붙은 사각형의 방들을 여러 층으로 쌓아 한꺼번에 많은 고인을 모실 수 있게 만들어져 있다. 산 자가 죽은 자를 추모하기 위해 사진과 꽃들로 주변을 장식해 놓았다. 벽면 가득 죽은 자들을 위한 영혼의 방들이 아파트처럼 수평과 수직으로 줄을 서 있다. 죽은 자들은 모두 균등한 면적을 차지하고 있다. 그렇다고 납골당의 방들이 모두 똑같은 값은 아니다. 그 안에도 자본에 의한 서열이 있고 좋은 방과 덜 좋은 방이 있다. 납골당을 지은 사람은 하늘의 부름을 받은 순서대로 똑같은 값에 방을 분양하지는 않는다. 좋은 위치는 비싼 값에 분양이 이루어진다. 즉, 납골당에도 아파트와 같이 로열층이 있다는 말이다.

납골당에서 가장 좋은 위치는 유가족이 섰을 때 어른 눈높이 정도의 층이다. 그 다음으로는 허리를 굽혀 눈높이를 맞출 수 있는 높이의 층이 선호된다. 이와 반대로 사람들의 키보다 높은 곳이나 바닥에 가까운 방은 상대적으로 값이 싸다. 산 자가 죽은 자를 추모하기에 불편한 위치이기 때문일 것이다. 그리고 수평적으로 보면, 중앙에 위치한 방의 값이 비싸고 양쪽 끝으로 갈수록 상대적으로 싸다. 가운데에 있는 방은 심적 안정감을 주지만, 양쪽 끝으로 갈수록 출입구나 다른 벽면과 접하고 있어서 고인을 변두리에 모신다는 느낌을 주기 때문이다. 그래서 납골당에서의 명당은 정중앙 그리고 어른의 눈높이 정도인 셈이다. 풍수지리에서 말하는 명당은 아니지만 이곳에도 이렇게 명당은 존재한다. 산 자가 죽은 자를 보다 좋은 곳에 모시려는 것은 인지상정이다. 그런 인지상정을 자본화하는 상술이 대단하다.

'좋은 곳'은 장례 문화가 어떻게 변화해도 존재할 것이다. 어디가 좋은 곳이냐 하는 기준은 시대에 따라서 달라진다. 그 기준을 정하는 자는 산 자다. 산 자는 마음이 아프다. 그래서 산 자의 기준으로 죽은 자를 더욱 좋은 곳에 모시려 한다. 명당은 그렇게 생긴 것이다. 명당은 산 자들이 보다 좋은 곳에 죽은 자를 모시기 위한 미학이다. 그래서 명당은 철저하게 산 자의 논리이다. 지금도 죽은 자는 생긴다. 그리고 그를 기억하고, 그가 가는 것을 슬퍼하고, 그의 행적을 기리고, 그와 추억을 나누고 싶은 사람들이 그를 그들의 기준에 맞는 좋은 곳으로 모시고자 한다. 그곳이 명당이다. 디지털 시대에는 비용이 싸고 접근이 자유로운 디지털 묘지가 대세가 아닐까 미리 생각해 본다.

비행기를 탈 때도 자리가 중요하다

비행기를 타고 외국에 출장 가는 일이 자주 있다. 나는 항공사에서 비행기표를 예매한 후 좌석도 일찌감치 예약한다. 비행기의 좌석은 보통 일등석, 우등석, 일반석으로 구분하며 등급별로 요금이 다르다. 나는 주로 비용이 싼 일반석을 이용한다. 그런데 같은 일반석일지라도 비행기 요금은 천차만별이다. 일등석, 우등석과 달리 일반석에서는 자리가 상대적으로 매우 중요하다. 특히 장거리 비행일 경우 비행기의 좌석은 더욱 그렇다.

일반석의 좌석 수와 배치는 비행기 크기에 따라서 다르다. 대체로 일반석의 자리 배치는 비행기 창가 양쪽과 가운데 자리로 이루어져 있다. 대형 비행기인 A380의 경우, 1층에는 창가 양쪽에 3개씩 6개의 좌석, 가운데 자리는 4개의 좌석으로 구성되어 있다. 비행기의 좌석 결정에서 중요한 기준은 창가와 통로 중 어느 좌석에 앉을 것인지이다. 바깥세상을 구경하고 싶은 사람은 창가를 선호하겠지만, 아마도 여행 경험이 많은 사람은 통로 자리를 선호할 가능성이 높다. 장거리 비행에서 가장 힘든 것은 화장실에 가는 일인데, 통로 자리는 장거리 비행을 하는 동안에 일어나는 생리 현상으로 화장실을 오가는 데 편리하기 때문이다. 통로 자리는 자리를 뜰 때마다 옆 사람에게 미안해하지 않아도 된다. 반대로 창가나 중앙의 가운데 자리에 앉으면 화장실이나 운동 등을 위하여 자리를 드나들 때 많게는 2명에게 양해를 구해야 한다. 혹여나 옆 사람이 잠을 청하고 있을 때는 더욱 미안할 수 있다.

비행기 일반석에는 가격이 높은 자리도 있다. 이런 자리로는 전방 선호 좌석front zone, 듀오duo 좌석, 엑스트라 레그룸extra legroom, 이코노미 스마티움economy smartium이 있다. 전방 선호 좌석은 시간이 돈인 사람에게 적합한 자리이다. 즉, 일반석의 앞자리에 해당하는 좌석이어서 비행기에서 상대적으로 빨리 내릴 수 있다. 듀오 좌석은 대형 비행기의 2층 창가에 2열로 이루어져 있다. 좌석이 두 줄 배열이어서 좌석 간의 폭이 넓고 연인들이 앉아 가기에 좋다. 엑스트라 레그룸은 다리를 뻗을 수 있을 정도로 공간이 넓은 좌석이며 비상구 옆의 좌석도 여기에 포함된다. 그리고 이코노미 스마티움 좌석은 앞 좌석과의 간격이 다른 좌석보다 훨씬 넓다. 항공사에 따라서는 높은 가격의 추가 요금을 받기도 한다.

한편 비행기 사고가 발생하면서 어느 자리가 가장 안전한가에 대한 논란도 있다. 즉, 비행기의 머리, 날개, 꼬리 부분에서 어디가 안전한가에 대한 얘기이다. 미연방항공국FAA 등에 따르면, 비행기의 뒤쪽 좌석, 그중에서도 가운데 자리가 상대적으로 가장 안전한 자리이다. 그 이유

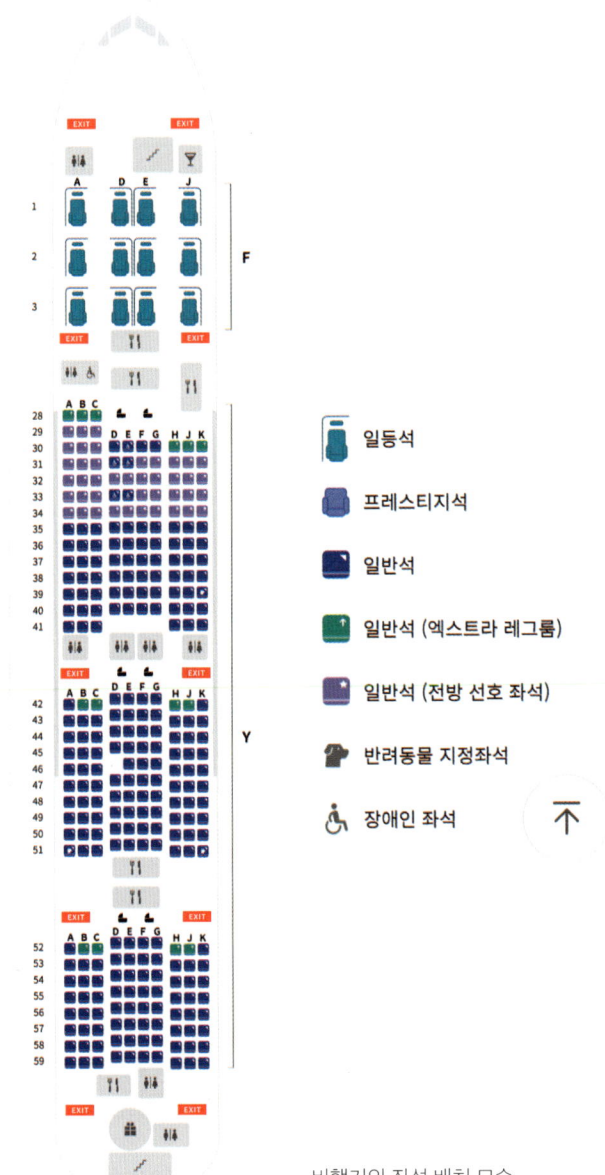

비행기의 좌석 배치 모습

는 비행기 사고의 대부분이 이륙과 착륙 중에 발생하는데 이때 비행기의 앞부분이 먼저 땅에 부딪혀서 충격을 받기 때문이라고 한다.

　비행기에는 수백 개의 좌석이 있다. 비행기를 탈 때에는 이 중에서 어느 자리에 앉을 것인가에 대한 의사결정이 따른다. 인내력이 강한 사람은 창가에 앉아서 갈 수 있고, 생리 현상이 불안하거나 급한 사람은 통로 쪽의 자리가 좋을 수 있다. 자리의 선택은 승객의 몫이다. 하지만 너무 늦게 결정하면 선택할 좌석도 줄어듦을 명심해야 한다. 비행기 좌석 중에서 어느 자리를 차지하고 앉을 것인지는 본인의 맘이겠지만 기왕 좌석을 결정할 것이면 자신에게 편리한 자리를 빨리 선택할 필요가 있다. 여기서 웃돈을 들여서 또 한 번의 선택을 할 수 있다. 그것도 비행기를 타는 사람의 맘에 달려 있다.

앉은 자리를 보면 성적이 보인다

신학기가 시작되면 학교는 분주해진다. 한산하던 캠퍼스에 학생들이 북적거린다. 다시 활기를 찾은 학교 분위기에 고무되어 강의실로 향하는 내 발걸음도 가벼워진다.

강의를 듣는 학생은 40여 명이다. 우리 대학의 특성상 여학생이 30여 명이고, 남학생은 10명 이내다. 이들은 자연스럽게 섞여 앉는다. 강의실은 개인 책상으로 구성되어 있으며 오와 열을 잘 맞추고 있고, 칠판과 교탁이 강의실 앞 중앙에 놓여 있다. 여느 강의실과 다를 바 없다. 나는 분주하게 자리를 잡는 학생들 사이를 지나 교탁으로 향한다. 출석부를 펼쳐서 출석을 부른 다음 강의로 접어든다. 학생들을 둘러보니 모두 자연스럽게 자신들의 자리를 찾아서 앉아 있다. 보통 학생들은 강의실에서 한번 자리를 잡으면 한 학기 내내 같은 자리에 앉는 경향을 보인다.

이처럼 강의실에서 자리 잡기는 지리 학습에서 중요한 개념인 입지효

입지 선정의 원리를 볼 수 있는 학생들의 강의실 안 자리 선택

地를 공부하기에 매우 적합하다. 예를 들어, 강의실 앞줄 왼쪽에서 세 번째 자리는 절대적 입지이다. 또한 여느 대학과 마찬가지로 내 강의를 듣는 학생 중에도 캠퍼스 커플이 있다. 그들은 서로의 사랑을 보여 주기에 좋은 자리, 바로 강의실 벽면을 선호한다. '강 군'과 '김 양'은 보기에도 얄미울 정도로 책상을 붙여서 앉아 머리를 맞대고 무언가를 속삭이는데, 이때 '강 군'의 옆자리는 상대적 입지를 보여 준다. 그리고 사람들은 자신들의 친분 정도에 맞추어서 서로 가까운 자리를 취한다. 상대적으로 소원한 자들은 보다 멀리 자리를 잡는다.

교수는 역시 공부를 열심히 하는 학생들에게 가장 관심을 갖게 된다. 성적과 학생들이 자리를 잡는 행위는 관계가 없을까? 이 물음에 어느 정도 답을 주자면 다음과 같다. 공부를 잘하는 학생들은 대체로 앞줄의 중앙에 자리를 잡고, 공부를 못하거나 하기 싫은 학생들은 주로 교실 가운데의 양쪽 옆에 앉는다. 성적이 낮은 학생들은 보통 맨 뒷줄의 끝에 앉을 것이라는 우리의 통념을 깨고 가운데의 양쪽 옆자리를 선호하는 것이다. 이는 교수의 시선이 가장 적게 미치는 곳, 즉 강의자의 시선을 피하기에 가장 적합한 사각지대이기 때문이다.

학생들의 이러한 보이지 않는 자리 선택 행위는 강의실 안에서의 작은 입지 선정이다. 우리는 강의실뿐만 아니라 일상생활에서도 다양한 입지 선택을 한다. 비행기 안에서의 자리 잡기, 시내버스나 지하철 안에서의 자리 잡기, 결혼식장에서의 자리 잡기, 미팅 장소에서의 자리 잡기, 카페에서의 자리 잡기 등이 그것이다. 그 안에는 고속버스나 비행기처럼 지정 좌석제를 하는 곳도 있는 반면, 결혼식장과 같이 자기 마음대로 앉는 곳도 있다. 지정 좌석제는 절대적 입지가, 비지정 좌석제는 상대적 입지가 지배한다. 이렇듯 우리 생활에서는 입지, 즉 자리 선택이 중요하게 작용하고 있다. 그것이 상대적 입지든 절대적 입지든 간에 자리 선택은 피할 수 없는 일이다.

춘곤증이 밀려오는 4월이 되면 강의실의 풍속도도 달라질 것이다. 기온이 높아지면 학생들의 눈꺼풀은 무게를 더해 간다. 그 참을 수 없는 눈꺼풀의 무게를 느끼는 자 그리고 지난밤의 술 파티로 온몸이 알코올로 가득 찬 학생들은 자기 나름의 생각으로 교수의 눈을 피하기에 좋은 입지를 찾아 앉는다. 그러나 나는 안다. 강의실 안에서 교수의 눈을 속이기에 좋은 입지는 없음을.

길치를 돕는 내비게이션, 길치를 만드는 내비게이션

아침 출근길에 자동차의 시동을 걸고 운전할 준비를 한다. 차 안의 내비게이션은 시동과 함께 알아서 켜진 후 나와 함께 달릴 준비를 하고 있다. 차에 달려 있는 블랙박스도 덩달아 녹화 준비가 되었다고 음성 메시지를 전한다. 그리고 이내 길 안내를 시작한 내비게이션을 따라 나는 운전을 한다. 이처럼 편리한 내비게이션이 세상에 나오면서 손에 들고 동네를 찾아다니던 지도가 그 자리를 잃고 있다.

내비게이션은 위성 항법 체계GPS: Global Positioning System와 지리 정보 체계GIS: Geographic Information System 기술이 결합되어 만들어졌다. 기계 장치 안에 미리 만들어 놓은 지리 정보 체계와 인공위성을 이용해 차량의 현지 위치를 확인해 주는 위성 항법 장치를 결합한 것이다. 지리 정보 체계는 각종 지리 정보를 구축, 유지, 관리, 편집, 분석, 출력(디스플레이)하는 과정을 거치면서 새로운 지리 정보를 얻고 의사결정을 하는 데

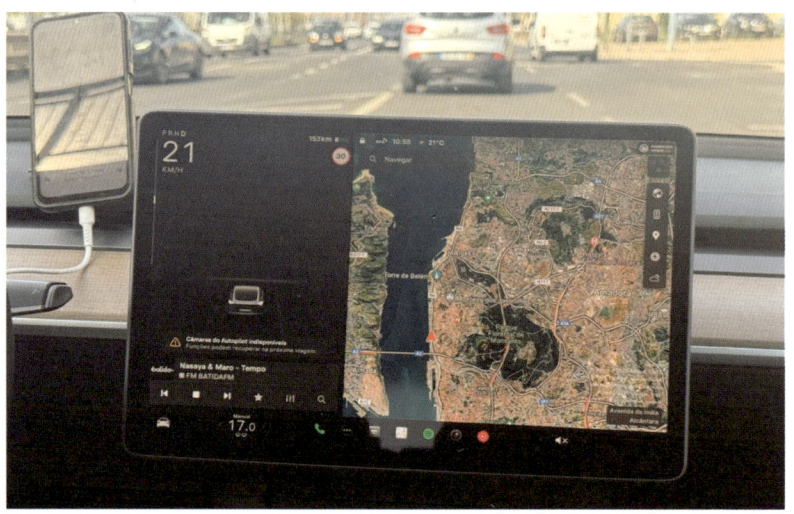

포르투갈 여행에서 이용한 렌터카 안의 내비게이션 모습

도움을 준다. 위성 항법 체계는 지구 궤도를 돌고 있는 인공위성을 통하여 현재 위치와 시간을 추적하여 확인해 주는 기능을 한다. 이제 이 둘은 정보화 시대를 살고 있는 우리들이 흔히 사용하는 지리 용어이자 정보 통신 기술 용어가 되었다.

 GPS와 GIS라는 두 체계를 응용하여 자동차 운전자에게 도로 정보와 위치 정보를 제공해 주는 장치인 내비게이션은 운전자의 편의를 증대시키기에 충분하다. 이는 운전 속도를 점검해 주고, 도로에서의 좌우 방향과 도착 지점을 알려 준다. 행여 속도 위반이라도 하면 요란한 소리를 내며 잔소리를 해 댄다. 출발 지점에서 도착 지점까지의 운행 시간, 운행 거리와 운행 최단 코스까지도 친절하게 알려 준다. 특히 잘 모르는 곳을 방문할 때는 길을 찾는 데 큰 도움을 받을 수 있어 매우 유용하다. 또한 대부분의 내비게이션은 무인 과속 탐지기의 위치도 알려 준다. 무인 과속 탐지기를 지날 때면 이를 비웃기라도 하듯이 속도를 낮추라는 소리가 요란하다.

이와 같은 기능을 하는 내비게이션의 생명은 무엇보다 정확한 지리 정보의 탑재에 있다. 위성 관련 장치나 각종 정보를 디스플레이해 주는 소프트웨어는 결정적인 요소가 아니고 충분조건에 해당한다. 가장 중요한 필요조건에 해당하는 요소는 지리 정보다. 그런데 지리 정보는 사람들의 인문 활동에 따라서 새롭게 생성되기도 하고 제거되기도 하는 등 늘 변한다. 따라서 내비게이션은 변화하는 지리 정보를 상시 업그레이드하는 일이 아주 중요하다. 이것이 늦어지면, 내비게이션은 운전자에게 엉뚱하거나 잘못된 정보를 제공할 수 있다.

요즘 내비게이션은 운전자에게 길 찾기를 넘어서 지역에 관한 정보를 제공하는 등 많은 편리함을 주고 있다. 그러나 이 편리함은 게으름을 낳기도 한다. 내비게이션이 시키는 대로 운전을 하다 보니 자기 주도적 운전이 약해진다. 지시하는 말만 좇아 수동적으로 운전하다 보면 운전자는 머리 속에 도로 정보를 많이 담지 못할 뿐만 아니라 오래 각인시키지도 못한다. 그리고 장소의 지리적 현상이나 정보를 눈에 담을 기회도 줄어든다. 즉, 길눈이 어두워진다. 정보화 시대의 이기인 내비게이션이 너무 보편화되어 사람들의 지리적 감각과 지리적 현상에 대한 인식력이 낮아지면 우리 두뇌의 지리 정보 능력 또한 떨어지지 않을까 사서 걱정을 해 본다.

내 손안의 똑똑한 길잡이 스마트폰

 낯선 곳으로 자주 여행하는 편이다. 미국 조지아주를 여행하기 위하여 애틀랜타 국제공항에서 차를 대여하기로 하였다. 번거로운 입국 절차를 마친 다음, 공항에서 셔틀버스를 타고 렌터카 사무실에 도착하여 차를 인도받았다. 그리고 행선지인 마틴 루서 킹 국립역사공원을 가기 위하여 자동차 내비게이션을 찾았다. 그런데 내비게이션 자리에는 작은 모니터만 달려 있었다. 이 모니터는 운전자의 스마트폰 내비게이션을 유·무선으로 연결해야만 사용할 수 있는 장치였다. 아마도 내비게이션의 설치 비용을 절감하여 자동차 가격을 낮추고 고가 장비의 도난을 방지하기 위한 목적인 듯했다. 서둘러 나의 똘똘한 스마트폰을 자동차 모니터에 연결한 후 구글맵을 찾아서 목적지를 입력하였다. 이제 나는 걱정거리가 없고 세상 두려울 것 하나도 없는 여행자라는 생각이 들었다.
 내 스마트폰 속 길찾기 앱은 가고 싶은 곳으로 길 안내를 잘 해 준다.

먼저 나의 위치를 위성 항법 장치로 정확히 알아낸 후 지도 위에 노선을 그려 준다. 가고자 하는 길을 나의 차보다 앞서서 미리미리 친절하게 알려 준다. 앱은 교통수단별 이동 시간, 선택한 교통수단의 이동 노선과 이동 시간, 주요 도로의 영상 정보, 도로 상황을 고려한 현재 시간의 최적 경로, 에너지인 휘발유의 절약 정도 등의 정보를 한 화면에 담아 보여 준다. 길찾기 앱은 기본적으로 최단 거리와 최소 시간의 정보를 알려 줌으로써 효용성을 극대화하려고 한다. 최소 비용으로 최대 효과를 추구하는 경제인으로서 의사결정을 하도록 안내하고 있다. 여기에 길찾기 앱은 실시간 교통 상황 정보를 반영하여 시간과 비용을 아낄 수 있도록 하니 얼마나 똑똑한지 모르겠다. 길찾기 앱이 약속의 장소로 한 치의 오차도 없이 찾아가도록 해 준다. 행여 찾아가는 길을 놓치기라도 하면 금방 아주 스마트하게 또 다른 최단의 길을 안내해 주니, 스마트폰과 그 안의 길찾기 앱은 내 손안의 도깨비 방망이다.

이제 스마트폰의 길찾기 앱은 세상 어느 곳을 가더라도 나와 함께 한다. 그것은 거침없이 세상 밖으로 나를 인도해 주고 길을 묻는 수고를 덜어 줌으로써 시간과 비용을 절약해 주고 있다. 특히 낯선 여행길에는 너무나 편리한 여행 동무이다. 스마트폰 길찾기 앱은 경제인으로서의 합리성과 주체자로서의 자유 의지를 동시에 만족시킬 수 있는 장점이 있다. 길찾기 앱은 최단, 최대, 최소, 최적을 제시하면서 합리성을 추구한다. 이를 토대로 세상에 존재하는 지리적 현상을 정보화하여 시각적으로 전달해 준다. 합리성을 기반으로 한 앱으로 시간과 비용과 노력을 줄여서 주체자로서 세상에 시선을 줄 수 있는 기회를 더 가질 수도 있다.

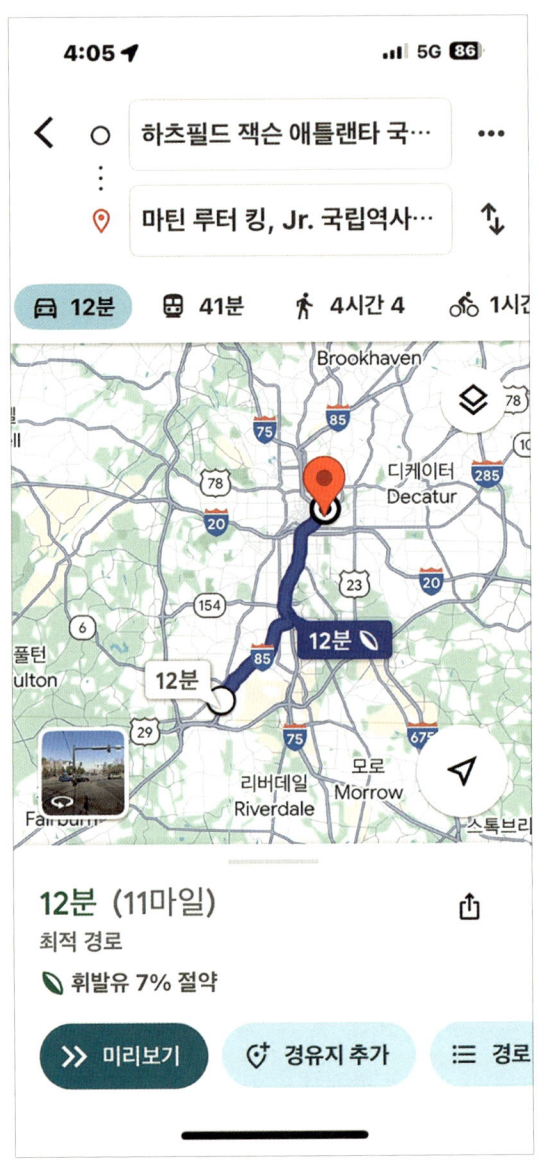

스마트폰 앱에서 보여 주는 길찾기 화면

인간이 가진 개념과 지식을 외부 세계에 투사하고 적용하면서 감각을 통해 세계를 경험할 수 있는 자유 의지를 더해 줄 수도 있다. 하지만 타자가 주는 정보에 지나치게 의지하여 여행자로서 지리적 현상에 주체적인 감각이 덜 작동할 수 있다는 우려도 존재한다.

  스마트폰의 길찾기 앱이 목적지로의 안내를 편리하게 제공해서 이동 시간과 비용을 줄였다면, 이제 여행자가 그곳에서 즐길 타임이다. 나의 감각과 인지를 자극해 줄 만반의 준비를 갖추고 있는 세상의 수많은 자연경관과 인문경관에 적극적으로 반응해 주는 것이 지리적 경관에 대한 여행자의 예의이다. 똘똘한 스마트폰의 편리함에 함몰되지 말고, 그것의 편리함을 적극적으로 활용하여 지(리)적 감각을 최대치로 끌어올려서 세계를 바라보고 경험하는 지(리)적 상상력을 펼치길 바란다. 그리고 그런 선택은 지금 길을 나서는 여행자의 자유 의지에 달려 있다.

친구 따라 강남 간다? 병원 따라 옮기는 약국

봄이 완연해질 시기이지만, 아직도 겨울의 한기가 가시지 않고 있다. 긴 겨울의 막바지에 심한 감기에 걸렸다. 몸이 떨리고 한기가 들면서 군데군데 결리는 감기 몸살 증상으로 완전히 녹초가 되었다. 더 이상 버틸 수 없어서 별수 없이 병원 의사에 몸을 맡겼다. 자주 가는 집 근처의 내과 의원에 가서 의사의 지시에 따라 입을 쩍 벌리고 '아!' 소리를 냈다. 의사는 계속해서 가슴에 청진기를 들이대면서 몸을 진찰하였다. 컴퓨터에 뭔가를 열심히 적어 넣은 후, 주사실에 가서 주사를 맞으라고 했다. 웬만하면 주사를 놓지 않는 의사인지라 내 몸이 생각보다 심각하다는 것을 확인할 수 있었다. 주사실에 들어가 엉덩이에 주사를 한 대 맞고 대기실에서 기다렸다. 잠시 후 프린터에서 처방전이 한 장 나왔다. 간호사는 진료비를 받고 처방전을 주었다.

　병원 아래에 있는 약국으로 가서 처방전을 내미니 약사가 이내 약을

의약 분업 실시 이후 약국은 병·의원 옆이나 같은 건물에 들어서고 있다.

조제해 주었다. 나는 약값을 지불하고 약을 받아 들었다. 과거에는 병원에서 약까지 조제해 주어 그 자리에서 약을 받아 갈 수 있었는데 이렇게 처방전을 받아 약국으로 가자니 약국의 입지 변화가 새삼 눈에 들어왔다. 요즘 약국은 병원과 가장 근접한 거리에 위치해 있다. 이런 결과는 의약 분업이라는 의료 정책의 소산이다. 이렇듯 한 나라의 정책은 많은 현상들의 입지를 바꾸어 놓을 수 있다. 의약 분업은 '진료는 의사에게, 약은 약사에게'라는 구호로 대변된다. 그러나 진료와 처방을 독점해 왔던 의사들의 기득권을 빼앗기란 쉽지 않은 일이었다.

 의사와 약사들의 첨예한 밥그릇 싸움으로 시작된 의약 분업이 2000년 8월 1일부터 시행되면서 약국의 입지는 크게 바뀌었다. 과거의 약국은 처방전 없이 약을 조제, 판매할 수 있었기 때문에 가능하면 목이 좋은 곳, 즉 사람들의 통행량이 많은 장소에 입지하였다. 그래서 과거 약국의 입지는 사거리, 버스 정류장, 아파트 상가 등이었다. 그러나 의약 분업 정책이 시행되면서 약국은 병·의원의 옆 건물이나 같은 건물의 아래층 등으로 그 입지를 바꾸어, 가능하면 병·의원에서 최단 거리에 위치하게 되었다. 그리고 약사들의 삶의 질도 보장받게 되었다. 예전처럼 하염없이 문을 열어 두고 손님을 기다리던 약국의 모습은 사라졌다. 옆 병원의 진료 시간이 끝나면 자연스럽게 약국도 문을 닫는다. 병원에서 처방전을 받아서 올 손님이 없기 때문이다. 요즘 약국으로 약을 받으러 가는 것은 너무도 익숙한 현상이 되었다. 이는 국가의 정책에 의해서 입지가 달라질 수 있는 대표적인 지리적 현상이다.

  요즘은 병원의 입지가 사람들이 몰리는 곳으로 변화하는 추세이다. 대형 할인점 앞과 같이 목이 좋고 사람들의 왕래가 잦은 곳에 병원들이 들어서고 있다. 이렇듯 병원이 장소를 바꾸면, 한 치의 시간차도 없이 약국은 병원을 따라서 그곳으로 이전할 것이다.

제2장

환경

하나의 체계, 지구촌에서 산다

지난 2020년에 전 세계가 코로나바이러스감염증(코로나19)으로 발칵 뒤집혔다. 세계는 마치 얼음이 된 것처럼 일상적인 활동들을 멈추었다. 사람들의 발열 정도를 측정하고 사회적 거리두기라는 방식으로 사람들 간의 접촉과 이동을 통제하였다. 발열자들을 격리하였으며 항생제를 개발하느라 온 세계가 분주하였다. 코로나바이러스감염증의 확산 이후에 삶의 양식도 급변하였다. 학교에서는 원격 동영상 강의를, 회사는 재택근무가 일상화되었다. 이와 같은 갑작스러운 통제로 사람들은 지구촌의 체계가 한순간에 무너질 수도 있다는 것을 경험하였다.

유엔 세계보건기구는 코로나바이러스감염증으로 인하여 2020년 1월에 국제적 공중보건 비상사태PHEIC를 선포하였으며, 곧바로 그해 3월에 팬데믹Pandemic을 공식 선언했다. 팬데믹은 면역력을 갖고 있지 않은 질병이 전 세계적으로 전염, 확산되는 현상을 말한다. 이로 인하여 세계 각국은 국가 간의 이동, 국내 이동 등을 최소화하면서 방역 조치를 강화하였다. 코로나바이러스감염증은 기본적으로 전파의 결과이다. 최초 발생지인 중국 우한시에서 다른 지역으로 전파되었다. 코로나바이러스감염증은 사람들이 집중적으로 거주하는 도시 전체와 주변 지역에 큰 영향을 주었다. 사람들이 많고 인구 이동이 잦은 도시가 주로 호흡기에서 발생하는 침방울로 감염되는 메커니즘을 가진 코로나바이러스감염증이 전파되기에 최적의 공간이었다. 그리고 세계화와 산업화로 인하여 인구 이동이 폭발적으로 증가한 지구촌에서 눈에 보이지 않는 코로나바이러스는 중국을 넘어 아시아 대륙권으로, 3개월 후에는 전 세계의 모든 국가로, 그리고 4개월 만에 지구상의 모든 대륙으로 확산되었다. 과거 대양이나 산맥 등 전파의 장애물이 있던 스페인독감과 달리, 코로나바이러스감염증은 공간의 제약 없이 전 세계에 최고의 속도로 퍼졌다.

코로나바이러스감염증은 전 세계가 지구라는 하나의 체계 속에서 살고 있음을 보여 주기에 충분하였다. 세계는 생각보다 밀접한 상호 유기적 관계이며 상호 의존적 존재임이 확인되었다. 하나의 체계 속에서 살고 있어서 어느 하나의 실종은 다른 하나의 존재에 심각한 영향을 줄 수 있다. 지구촌을 구성하고 있는 인간, 동물, 식물, 미생물, 환경 등 모든 것들은 유기적인 관계를 형성하고 있다. 그런데 인간의 무도한 이기심이 지구촌의 체계가 가진 질서와 균형을 파괴하고 있다. 우리는 인류가 가진 기술과 발달이 어느 순간에 아무것도 아닐 수 있음을 보았다. 지구촌이 자연스러울 때 가장 안전할 수 있음도 확인하였다. 하지만 너무도 비싼 대가를 치렀음에도 여전히 우리는 지구촌의 체계를 부정하는 우를

인간, 환경과 동물은 상호 관계 속에서 서로 영향을 주며 살아간다.
출처: Atlas & Maloy, 「One Health: Peaple, Animals, and the Environment」, 2014.

범하고 있다.

 지구촌은 하나다. 지구촌을 구성하는 인간, 동물, 식물, 미생물과 환경이 하나의 체계를 이루면서 그 속에서 살아가고 있다. 이들은 상호 유기적인 관계를 형성하고 있으며, 어느 하나가 부족하거나 무너지면 전체의 체계가 무너진다. 그래서 지구의 구성체들은 하나가 아프면 결국 모두 아프게 되는 공동체이다. 지금 지구촌의 구성체들은 기후변화 등으로 너무도 아파하고 있다. 인간, 동물, 식물, 미생물, 환경이 상호 의존적인 관계를 유지하면서 상호 건강한 체계를 유지해야 한다. 결국 인류의 생존은 과학 기술의 발달보다는 서로의 생존을 지켜 주는 데 있음을 깨달아야 한다. 지구촌의 체계 안에서 인간, 동물, 식물, 미생물과 환경의 상호 공존과 공생을 위하여 서로서로 돕고 가꾸는 마음이 꼭 필요한 이유가 여기에 있다. 코로나바이러스처럼 인류에게 언제 적이 되어서 달려들지 모르니 미리미리 조심해 둘 필요가 있다. 그래서 인류는 지구 구성체들에게 '네가 있어 내가 있다'고 인정하면서 그들과 상보적 관계를 잘 유지하면서 살아가야 한다.

구사일생 살아남은 담양의 메타세쿼이아

 여름의 기승이 대단하다. 사람들은 더위를 피해서 휴가를 재촉했다. 방학이 끝나도록 피서를 가지 않자 작은 녀석의 불만이 터졌다. 용케도 잘 참더니, 우리 집은 어디 안 가냐고 떼를 썼다. 그 기세에 눌려 지리산 자락에서 하루 잠을 청했다. 그리고 돌아오는 길에 전남 담양을 들렀다. 담양 읍내를 지나 전북 순창으로 접어드는 길에 두 줄로 반듯하게 도열해 선 메타세쿼이아 가로수가 우리 가족을 맞았다. 어릴 적 미술 시간에 배운 대각선 원근법의 전형을 보여 주는 가로수의 행렬이 장관이다.
 담양의 가로수는 우리 사회에서 환경 보전과 개발 간의 갈등을 보여 준 전형적인 사례이다. 원래 이 길은 일제 강점기에 건설된 신작로에서 출발한 2차선 국도였다. 그 길에 메타세쿼이아(흔히 말하는 전봇대 나무)를 심어 오늘에 이르고 있다. 그런데 이 지역의 교통량이 늘어나자 도로를 4차선으로 확장하는 문제가 제기되었다. 관공서와 건설업자는 메타세쿼이아를 베어 버리고 시원하게 고속화 도로를 내자고 주장하였다. 그러나 지역 주민과 환경 단체들은 이 나무와 나무가 만드는 경관이 담양의 상징적인 경관이기에 보존의 가치가 있다고 주장하였다. 이 첨예한 갈등은 전국적인 환경 쟁점이 되었고, 결국 개발과 보전의 타협으로 기존 가로수를 살리면서 가로수 양옆으로 차선을 확장한 도로를 건설하기로 하였다. 이런 곡절 끝에 살아남은 메타세쿼이아 가로수 경관은 전국적인 명소가 되어 우리의 시선을 사로잡고 있다. 생태계를 파괴하는 데는 많은 시간이 걸리지 않는다. 그러나 이런 생태계 경관을 만든 나무가 자라는 데는 수십 년의 세월이 걸린다. 담양의 메타세쿼이아 논쟁은

우여곡절 끝에 살아남은 담양의 메타세쿼이아 가로수 길. 옆에 새 도로를 내어 담양의 상징적 경관인 이 길을 보존했다.

담양천에서 본 관방제림. 담양천의 범람을 막기 위해 둑을 쌓고 거기에 나무를 심어 지력을 보강한 것으로, 자연환경을 거스르지 않으면서 인간을 이롭게 만든 대표적인 인공 숲이다.

우리의 짧은 생각으로 자연 속의 존재를 어느 하나 소홀히 해서는 안 된다는 점을 잘 보여 주는 사례이다.

그런데 사람들이 잘 모르고 지나치지만, 이 메타세쿼이아 가로수 길의 맞은편에도 주목해야 할 식생 경관이 있다. 하천을 따라서 조밀하게 늘어선 아름드리나무 숲 관방제림官防堤林이다. 최치원이 조성한 경남 함양의 상림上林보다 시기는 늦지만, 우리나라의 대표적인 인공림으로 천연기념물로 지정되어 있다. 관방제림은 조선 중기 인조 때 관아에서 하천에 제방을 쌓으면서 만든 숲이다. 담양 읍내를 통과하는 영산강의 상류인 담양천의 범람을 막으려고 둑을 높이 쌓고 거기에 나무를 심어 지력을 보강하였다. 자연환경을 거스르지 않으면서도 인간을 이롭게 만든 대표적인 인공 숲이다. 강내희 교수의 표현을 빌리면, 이는 "인간의 저항 능력을 왜소하게 만드는 자연재해에 대한 문화적 대응이자 공공적 성격을 띤 미학적 실천"(문화과학, 봄호 2008)이다.

관방제림은 주로 느티나무와 팽나무로 구성되어 있으며(지금은 벚나무를 보강하여 세인들의 눈요기를 제공하고 있다), 여름에는 사람들에게 시원한 그늘을 만들어 주고 있다. 그 숲에 정자를 하나 짓는 것은 시대의 낭만을 더해 주는 일임에 틀림없다. 이는 조선 시대 선조들이 추구한 자연과 인간의 조화와 일맥상통한다. 오늘날 홍수의 주요 요인이 콘크리트 인공 구조물과 자연의 생리를 고려하지 않은 거대한 토목 공사에서 비롯되고 있는 것을 보면, 참으로 선조들의 지혜가 아쉬운 시대에 살고 있다는 생각이 든다.

아마도 담양 사람들이 메타세쿼이아 가로수를 지켜 낸 것은 2백여 년 전 그 선조들이 관방제림을 만들어 자연과 벗하여 살던 지혜를 이어받은 듯하다. 수없이 많은 식생들이 뜻 없이 제거되고 산천을 깎아 허물어 내고 있는 지금, 담양에서 그 지혜를 배울 필요가 있다.

하늘의 불청객, 황사

하늘이 온통 뿌옇다. 좀 틀리기도 하련마는 봄철 불청객 황사에 관한 일기 예보는 빗나가지 않는다. 누런 먼지구름이 하늘을 점령하였다. 방송에서는 황사주의보를 전하면서 황사의 위해성과 대처 방법에 관한 정보를 쏟아 내고 있다. 아침 출근길, 자동차의 앞 유리에 먼지 반점이 가득하다.

황사는 주로 봄에 발생한다. 해를 더해 가면서 황사 발생은 더욱 심각해지고 있다. 황사는 중국 고비 사막이나 황토 지대에서 발생하여 편서풍을 타고 바다를 건너 한반도에 상륙한다. 공업화와 지나친 농업 활동으로 더욱 심화된 중국 내륙의 사막화는 북경 가까이까지 세력을 넓히고 있다. 중국 내륙 지역의 농지 개간이 강화되면서 사막이 점점 확대되고 있다. 이에 더하여 중국 농민들의 무분별한 목축 활동 역시 사막화를 가속화시키고 있다. 건조 지방에서 양은 고기와 털로써 높은 수입을 올

도시를 자욱하게 덮은 황사. 황사는 이제 한 지역의 환경 문제를 넘어서 전 지구적인 문제가 되었으며 이를 해결하기 위해 여러 동아시아 국가들이 긴밀한 협의를 계속하고 있다.

려 주는 가축으로, 대개 노동력이 적게 드는 방목 형태로 사육된다. 이 방목은 식생 파괴를 더욱 가속화한다. 양은 식생의 껍질과 뿌리까지 몽땅 먹어 치우기 때문에 그들이 지나간 자리에는 풀이 자라지 않는다. 풀이 자라지 않는 곳은 곧 사막화로 이어진다.

중국의 공업은 중국의 동해안, 즉 우리나라의 서해안 쪽에 집중적으로 발달되어 있다. 중국의 동해안에 건설된 중화학 공단은 검은 연기와 중금속을 쏟아 내며 이곳에 발달한 도시의 대기 오염을 세계적 수준으로 이끌고 있다. 하지만 중국은 아직 이러한 환경 문제를 심각하게 받아들일 만한 삶의 질을 가지고 있지 못하다. 이런 중국 동해안의 대기 오염은 내륙의 황사와 결합하여 그 피해를 더욱 심각하게 만들고 있다. 황사는 이제 단순한 모래 바람이 아닌 중금속 바람으로 그 성질이 변하였다.

　황사는 중국은 말할 것도 없고 애꿎은 한국에 큰 피해를 주고 있다. 그것은 한국이 지구의 자전 방향인 중국의 오른쪽에 위치해 있기 때문이다. 과거 단순히 철 따라 한반도를 찾아오는 자연 현상이었던 황사가 이제 중국의 사막화와 공업화로 인해 우리에게 심각한 환경 재앙이 되고 있다. 한 지역의 환경 문제가 그 지역을 넘어서 국제적인 문제, 아니 전 지구적인 문제가 되고 있는 것이다. 이는 '전 지구적으로 생각하고, 지역적으로 행동하라'는 환경 보호의 슬로건을 실감나게 한다. 오늘날 동아시아 국가들은 중국의 황사 문제가 중국만이 아닌 동아시아 전체의 문제로 생각하고, 이 문제를 해결하기 위해서 지역적으로 행동하고 있다. 즉, 황사의 근본적인 해결을 위해 중국 내 해당 지역에서 함께 노력하고 있다.

　그 예로 한국과 중국 양국은 중국 내륙 사막에 남북 방향으로 길이 28km, 폭 3~8km에 이르는 숲, 이른바 '녹색 만리장성'을 조성하고 있다. 소나무, 포플러 등의 방풍림 묘목을 심어서 한반도로 날아오는 황사의 근원지를 푸르게 만들려고 노력하고 있는 것이다. 하지만 한번 파괴된 자연을 복원하는 일이 얼마나 힘든 일인지 중국 내륙 사막은 여실히 증명해 주고 있다.

　황사 핑계 김에 오늘은 바깥 마실을 줄이고 창밖으로 보이는 전주 완산칠봉의 산벚꽃이나 눈으로 즐겨 볼 요량이다.

사람들이 흐르는 도시의 회랑

 도시는 비농업 종사자들이 모여서 만든 공간이다. 그들이 모여서 만들어 낸 도시에는 다양한 현상들이 존재한다. 도시의 상징이라고 하면 아마도 제조업이나 서비스업 종사자들이 일을 하고 잠을 지는 건물들일 것이다. 어떤 도시에는 이들 건물과 건물 사이를 이어 주며 긴 띠를 형성하는 회랑이 있다. 회랑은 덮개가 달린 통로이며 도로이다. 여행길에 그리스와 대만의 두 도시에서 서로 다른 기능을 하는 회랑을 보았다.

 지중해 일대를 여행하던 중에 그리스의 아테네시를 들렀다. 아테네는 지중해성 기후로 한여름의 땡볕이 내리쬐는 날씨였고, 곳곳에서 올리브와 뽕나무 가로수를 볼 수 있었다. 그리고 1년 후에 대만의 타이베이시를 방문했다. 타이베이는 아열대 습윤 기후 지역임을 실감할 수 있게 매우 후덥지근했고, 한자로 구성된 간판이 도시를 도배하고 있었다. 그런데 이 두 도시에는 회랑이 있었다.

그리스 아테네의 회랑. 지중해의 뜨거운 여름 햇볕을 피하기 위하여 만들었다. 사람들은 이 회랑을 통해 삶터와 일터로 쉼 없이 이동한다.

두 도시의 회랑은 각기 그 지역의 기후 환경에 적응하기 위하여 만들어 놓은 것이다. 그리스 아테네의 여름은 건기이기 때문에 무척 뜨겁다. 습도는 그리 높지 않지만 땡볕이 내리쬐어 무척 더웠다. 도시를 걷는 누구나 지치는 날씨이다. 뜨거운 햇볕을 피하기 위하여 아테네 시민들은 건물을 지을 때 회랑을 만들어 서로가 그늘을 나누어 가졌다. 그 회랑에는 사람들의 왕래가 빈번하고 자유로우며 행인이 잠시 쉬어갈 만한 벤치가 있다. 저마다 바쁜 현대의 도시인들은 회랑을 통해 삶터와 일터로 쉼 없이 이동한다. 그러나 일하는 자와 노는 자가 분리되어 있던 옛사람들은 사정이 달랐다. 회랑에 모여서 삶을 이야기하고 정치를 논하던 자들은 한가한 이들이었다. 일하는 자들이 보기에는 배부른 자들의 신선놀음이었다. 그 회랑에 모여 생각을 나눈 사람들이 스토아학파이다. 스토아stoa는 바로 회랑을 의미한다.

대만의 타이베이는 그리스 아테네와 기후가 다르다. 아열대 기후에 속해 있어서 매일 오후에 반복적으로 소나기가 쏟아진다. 사람들은 비를 피해 회랑으로 몰려든다. 회랑에 있으면 비가 올 때는 우산을 들지 않아도 되고 햇볕이 뜨거울 때는 그늘이라 쉴 수도 있다. 건물 주인들은 회랑을 오가는 사람들의 편의를 위하여 1층의 통로를 내주고, 시청은 이러한 건물 주인들에게 일정한 세제 혜택을 준다. 사람들도 이 회랑을 단순히 이동 통로로만 이용하지는 않는다. 오가는 길에 가게의 물건들을 눈여겨봐 둔다. 주인은 통로를 내주고, 회랑을 오가는 사람들은 잠재적 고객이 되는 것이다. 그래서 회랑에는 그들의 시선을 잡아 두기 위한 치장이 넘쳐난다.

대만 타이베이의 회랑. 매일 오후 소나기가 내리면 사람들은 비를 피해 이곳으로 몰려든다.

    회랑은 기후 환경에 적응한 사람들의 삶의 지혜를 반영한 건축 양식이다. 그 회랑을 통로 삼아 사람들은 저마다의 목적을 가지고 도시의 길을 오간다. 그래서 회랑에는 사람이 많고, 그들을 겨냥한 가게들이 즐비하게 늘어서 있다. 회랑의 가게들은 창이 넓다. 지나가는 행인의 시선을 사로잡기 위하여 상품들이 잘 보이도록 진열해 놓았다. 그들의 시선이 멈추는 순간, 사람들은 입담 좋은 상인에게 설득을 당하여 물건을 사게 된다. 회랑은 또한 사람들이 모여 문화를 나누는 곳이다. 저마다의 사고와 문화 행태를 가진 사람들이 각지에서 모여 서로 정보를 주고받는다. 정보를 주고받기 위해서는 많은 대화를 나누어야 하고, 그 대화의 장은 회랑에서 형성된다. 오랜 세월 동안 이런 문화가 형성된 곳이 회랑이다. 그래서 회랑은 문화 창조의 출발지이자 혁신지라 할 수 있다.

  우리나라의 도시에는 이러한 회랑이 발달하지 않았다. 아마도 저잣거리의 주막 평상이 그 역할을 대신했을 것이다. 비라도 오는 날에는 처마 밑 토방에 쭈그리고 앉아서 대화를 나누었을 것이다.

카페에서 드는 커피랜드의 불편한 마음

 우리나라는 커피 소비의 대국이다. 세계의 커피 소비 시장을 좌지우지할 정도로 거대한 소비 강국이 되었다. 나도 그 커피 강국의 대열에 합류하기 위하여 오늘도 카페에 가서 어김없이 커피 한 잔을 주문한다. 주문한 커피를 기다리며 카페에 걸린 커피의 원산지 경관, 커피 원두의 생산 과정과 커피 농장의 경관 등에 관한 사진들을 바라본다. 그 사진들 중에서 커피 농장의 경관 사진이 유독 눈에 들어온다.
 커피 농장 사진에는 높이가 같은 커피나무가 정갈하고 깔끔하게 도열해서 자라고 있다. 커피 농장의 커피나무는 진한 녹색의 잎을 가지고 있다. 커피나무는 자연과 농장주의 정성과 도움으로 때가 되면 어김없이 빨간 커피 열매를 선물한다. 그 열매는 속살 깊숙한 곳에 꼭꼭 감추어서 소중하게 키운 씨앗으로 세상 사람들의 입맛을 사로잡는다. 세상의 입맛을 사로잡는 커피를 입안에 한 모금 마시는 순간, 나의 마음과 머리는

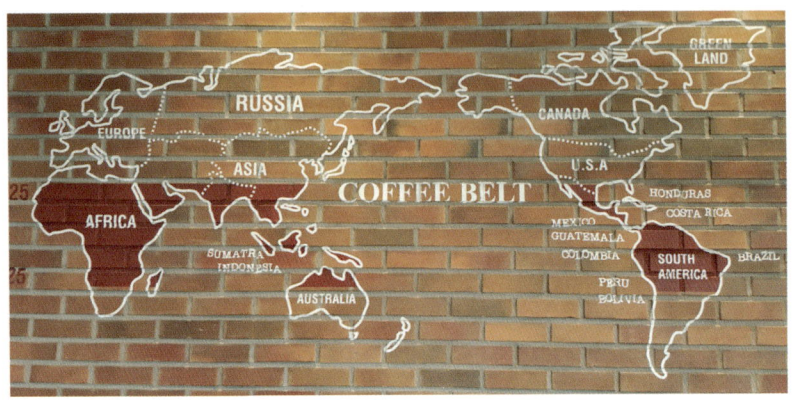

카페의 벽면에 그려 놓은 세계 지도 위에 커피 벨트가 소개되고 있다.

온 세상의 커피 농장으로 순간 이동을 한다. 그리고 중남미와 동남아시아 등의 식생 경관이 눈에 선하게 들어온다.

그렇지만 커피의 강한 중독성에 매료되면서 나의 불편한 마음도 함께 자란다. 세계에서 커피를 파는 카페가 성하여 커피가 많이 팔릴수록 지구의 식생 생태계는 단일화가 심해지기 때문이다. 커피나무가 돈을 많이 버는 소득 작물이 되면서 아프리카와 중남미, 동남아시아에서 커피 랜드는 점점 확대되고 있다. 열대 지방과 고산 기후 지역에서 아라비카와 로브스타 커피나무의 재배 면적도 확대되고 있는데 아라비카 커피나무는 해발 고도 800m~2,000m에서, 로브스타 커피나무는 해발 고도 700m 이하에서 주로 재배된다. 이것은 식생의 다양성이 파괴되는 역설을 의미한다. 식생 종의 다양성을 확보해야 할 지역에서 생산성이 높은 커피나무로 대체되는 아이러니가 발생하는 것이다. 커피 산업이 호황일수록 식생의 단일화는 가속화된다. 결국 식생의 단일화는 생물 종의 다양성을 파괴한다. 동물의 서식지가 축소되고 돈이 되지 않는 식생은 그 지역으로부터 퇴출된다. 열대 기후에서 키 높은 나무들이 태양을 두고서 경쟁을 하여 만들어 놓은 캐노피는 식생 간의 경쟁이 사라짐으로써 더 이상 필요 없게 된다. 커피의 생산성을 높이기 위한 농장주의 보살핌, 그리고 더 심한 경우에는 농약을 살포하고 비료를 줌으로써 폭풍 성장을 유도할 수도 있다. 기호라는 취향으로 인하여 지구 식생의 단일화를 가속화시키지 않을까 걱정이 든다.

커피에는 코로 스며드는 향기, 입안을 감싸도는 진한 자극, 그리고 온몸의 세포에 전해지는 탐닉이 있다. 커피가 주는 날마다의 중독성에 빠져들면서도 다른 한편으로 세계의 식생을 단일화하고, 결국에는 식생의 파괴를 한 걸음 더 당기지는 않을까 걱정해 본다.

물 관리의 빛과 그림자, 댐

경춘선의 낭만이 깃든 춘천으로 길을 떠난다. 북한강을 따라 경춘가도의 풍광을 눈에 담으면서 춘천으로 가다 보니 '춘천 가는 길'이라는 유행가도 떠오르고, 기차를 타고 춘천에 가던 기억이 생생하다. 춘천 닭갈비, 막국수, 인공 호수, 경춘선 등 장소감을 주는 인자들을 떠올리며 춘천의 상징물인 소양강 댐으로 향했다. 댐에 도착하니, 댐 위의 주차장에는 차를 세울 수 없으니 밑에 주차하고 순환 버스를 이용하라고 한다. 주차 요금을 내고 버스를 타고서 댐 위로 올라갔다.

소양강 댐은 교과서와 각종 홍보물에서 동양 최대의 수력 발전소라고 다루었던 댐이다. 댐이 물길을 가로막아 생긴 호수인 소양호 위의 경사면에 '소양강 다목적댐'이라 새긴 문구가 선명하다. 소양강 댐은 북한강 유역을 개발하면서 홍수 조절, 식수 공급, 수력 발전, 각종 용수 공급 등의 다양한 목적으로 만들어진 다목적 댐이다. 특히 여름철 집중 호우 시에 그 기능이 빛을 발하는데, 댐의 수문을 여는 일이 주요 뉴스가 되기도 한다. 소양강 댐의 수문 개방은 한강 하류의 수위에 영향을 주기 때문에 한강 하류의 서울 시민이 이에 귀를 쫑긋하는 것이다.

과거 개발 독재 시대에는 많은 사람들이 댐 건설에 깊은 관심을 가졌다. 큰 사력 댐을 건설하는 것 자체가 발전의 상징이 되던 때로, 소양강 댐은 우리 경제 개발사에서 국토 개발의 대명사가 되었다. 당시에는 댐을 어디에 지을 것인가가 높은 관심사였다. 댐의 입지는 안전성과 경제성을 고려하여 결정한다. 높은 낙차를 얻을 수 있고, 목이 좁으며, 양안에 암석층이 발달한 곳이 최적이다. 높은 낙차는 물을 많이 저장하고 위치 에너지를 얻을 수 있어서 좋고, 목이 좁은 곳은 건설비를 줄일 수 있어서 좋으며, 양안의 암석층은 버팀목이 되어 댐을 안전하게 지탱해 줄 수 있어서 좋다. 소양강 댐은 이런 입지 조건을 충족한 곳에 건설되었다.

그러나 시대가 바뀌면서 댐에 대한 대접도 달라졌다. 사람들은 이제 댐 건설이 미래의 영화를 담보해 주지 않음을 알게 되었다. 오히려 지나친 댐 건설이 우리의 지속 가능한 미래를 파괴하는 우를 범하고 있음을 깨닫기 시작했다. 댐의 건설은 주변 환경을 수장시켜 생태계의 파괴를 가져온다. 거대한 담수호는 안개와 습도의 증가 등 주변 미기후(지면에 접한 대기층의 기후)에 영향을 미쳐 삶의 질을 파괴할 수 있다. 그리고 그곳을 떠나야 하는 사람들에게 심리적 박탈감을 준다. 특히 생태계의 파괴는 매우 심각하다. 댐은 지역 식생과 동물의 서식 공간을 파괴한다. 또한 물의 흐름을 차단함으로써 댐을 기준으로 상류 쪽은 토사가 쌓이고 하류 쪽은 물의 흐름이 없어 하천 생태계의 파괴가 가속화된다. 이

소양강 댐 전경. 소양강 댐은 1973년 준공된 우리나라 최대의 저수 용량을 갖춘 사력 댐이다.

북한강 유역을 개발하여 만든 소양강 댐은 홍수 조절, 식수 공급, 수력 발전, 각종 용수 공급 등 다양한 기능을 하고 있다.

런 문제로 댐을 무너뜨려 생태계를 복원하고자 하는 시도도 있다.

 댐을 지어서 이익을 보려는 기관이나 사람들은 여전히 댐의 순기능만을 강조하면서, 틈만 나면 곳곳에 댐을 지으려고 한다. 특히 물 부족 국가라는 점을 무기 삼아 전국의 산천에 콘크리트 구조물을 만들려 들고 있다. 그러나 우리나라는 물 부족 국가라기보다는 물 관리 부족 국가이다. 댐을 지어서 얻는 물보다 수도관을 통한 유실률이 훨씬 크기 때문이다. 이젠 국민들의 의식 수준이 높아져서 옛날과 같이 기관 이기주의 아래 마음대로 댐을 짓지는 못하고 있다. 우리 세대를 넘어서 다음 세대에까지 건강한 자연 생태계를 넘겨주기 위해서는 댐의 건설을 최소화해야 한다.

 한국수자원공사는 여름에 홍수라도 나면 집중 호우의 대책으로 다시 댐을 지어야 한다고 주장한다. 그러나 집중 호우도 자연 현상의 일부이기에 이를 최대한 존중하면서 물을 다스려야 한다. 집중 호우에 대한 효과적이고 장기적인 대책은 무턱대고 댐을 짓는 것보다는 지나치게 높은 콘크리트 피복률을 낮추고, 저수지를 만들고, 식생을 회복시키는 등의 자연 친화적인 대책임을 명심해야 한다.

새만금 간척지, 해수 유통이 필요하다

우여곡절 끝에 새만금 간척지의 물막이 공사가 끝이 났다. 한때 간척 공사는 우리나라의 대역사大役事로 인식되었다. 간척을 하여 바다를 메우는 것이 우리의 미래를 보장해 주는 일이라고 했다. 대규모 간척 공사로 국토 면적을 넓히고, 넓어진 국토에 벼농사를 지어 식량 문제를 해결하겠다는 생각이었다. 이런 생각으로 탄생한 것들이 계화도 간척지, 서산 방조제, 영산강 금호 방조제 등이다. 그러나 생각은 바뀌었다. 자연과 조화를 이루지 않는 발전은 우리의 삶을 송두리째 파괴시킨다는 점을 이해하기 시작하였다. 새만금 방조제 공사는 그 생각 변화의 끝자락에 탄생하였다.

새만금 방조제는 노태우 정권이 내세운 '서해안 시대'라는 구호에 걸맞고, 전북 사람들의 낙후 콤플렉스를 달래며, 한국농어촌공사와 건설업자들이 자신들의 이익을 추구하기에 입맛에 딱 맞는 장소였다. 그러

한국농어촌공사 새만금홍보관에서 본 새만금 방조제 모습.

나 우리는 자연과의 화해 시대로 접어들었다. 막힌 것을 허무는 해체의 시대에 이르렀다. 개발 이익에만 목을 매는 시대로부터 벗어나 삶의 질을 추구하는 시대로 접어들었다. 이렇게 시대의 변화, 즉 사고의 변화를 겪는 곳에서는 갈등이 빚어진다. 새만금은 그 공사의 후기에 이르러 이런 시대의 변화를 맞이하였다. 결국 새만금은 시대가 변하고 생각이 바뀌었음을 우리 사회에 웅변해 주었고, 기존 사고 소유자들과 아름다운 불화를 겪었다.

그러나 새만금 물막이 공사는 끝이 나고 말았다. 닫힌 공간으로 변하였다. 막힌 물은 반드시 썩게 되어 있다. 오염원을 정화시킴으로써 수질 악화를 막을 수 있다는 기술 지향 주의자들도 있으나, 새만금의 물을 막은 지 얼마 되지 않아 그 구호들은 이미 허구가 되고 있다. 막힌 물은 빠른 속도로 산소가 줄고 질소와 인의 공급이 많아지면서 썩어 간다. 이미 전주시와 김제시, 익산시 등의 생활하수와 비점非點 오염 물질로 인하여 새만금은 꿈의 사업에서 자연에 대한 테러 현장으로 변하고 있다. 그리고 내수면은 벌써 염도가 낮아지면서 생태계의 교란이 일어나고 있다. 또한 새만금 밖의 바다는 해류의 변화로 부안의 변산과 격포, 하섬 등의 모래사장이 파괴되고 있다. 새만금은 인간의 어리석은 욕망으로 인해 우리나라 최대의 갯벌인 생명의 바다에서 생명체들이 죽어 가는 죽음의 바다로 변화하고 있다.

이 새만금을 살리는 방법은 단 하나다. 그것은 막힌 물길을 터 주는 일이다. 즉, 현실적으로 일부 방조제를 걷어 내어 다리를 놓거나 그 일부분을 터 주는 방식이다. 기왕 개발을 하더라도 물길을 살리면서 해야 그나마 깨진 생태계를 조금이나마 지킬 수 있다. 이제 다시 지혜를 모아 새만금을 살리는 일도 우리의 몫임을 인식해야 한다.

도시의 습지에 새가 날아오다

우리 아파트 바로 옆에는 완산칠봉이라는 작은 산이 있다. 아파트 베란다 앞 산자락에 간간이 피어난 산벚꽃에 취해서, 등산이라고 하기엔 너무 낮은 이 산에 산책을 간다. 그런데 그만 산이 아파트에 둘러싸여 있는 모습에 연민이 느껴진다. 산이 아무리 자신의 위용을 잃지 않으려 애를 써도 역부족이라는 생각이다. 도시의 산은 점점 산이 아닌 섬이 되어 가고 있다.

걷다 보니 작은 연못들이 보인다. 도시의 산자락에 연못이 남아 있는 것이 신통하다. 이 작은 도시 습지에는 3개의 연못이 있는데 연못 속에는 물을 정화시키는 수련과 부들이 있고, 주변에는 왕버들, 물억새 등이 있다. 물속에서는 올챙이들이 한창 변신을 준비하고 있다. 이 습지에는 맹꽁이, 두꺼비, 개구리 등이 서식한다.

작은 연못 하나에 호들갑을 떨 생각은 없지만 도심의 습지는 도시 생

전주시 완산칠봉의 비오톱. 비오톱은 삭막한 도시에서 습지 식물과 작은 동물들이 서식할 수 있는 공간을 제공한다.

태계에서 매우 중요한 역할을 한다. 도시의 산은 생태계의 최후 방어선이다. 산의 경사가 급변하는 지점, 즉 급경사 지역이 완만한 경사로 바뀌는 지점에는 주변의 지표수들이 모여 습지를 형성하거나 작은 연못을 형성한다. 이처럼 도시 지역에 습지를 형성하고 있는 공간을 비오톱 biotope이라 부른다. 비오톱은 콘크리트로 가득한 삭막한 도시에서 다양한 동식물의 서식지를 제공하고 중요한 먹이 사슬을 형성하는 공간이다. 비오톱은 수변 식물과 수중 식물이 자랄 수 있는 공간을 제공해 주고, 물고기와 개구리, 새 등 작은 동물들에게 중요한 서식 공간을 제공한다. 그리고 이들은 그곳에서 자연스럽게 먹이 사슬을 형성하며 종 다양성을 유지해 간다.

도시에서는 날로 숲과 나무와 흙이 사라지고 있다. 이런 도시에서 습지를 복원하여 단절된 도시 생태계를 보전하는 일은 매우 긴급하게 요구된다. 도시에 호수 등의 습지를 형성하는 것은 점점 더워지고 있는 도시에 안정적으로 수분을 공급하여 도시 기후를 쾌적하게 만들고, 급격한 온도 변화를 줄일 수 있다. 그리고 비오톱은 도시 생태계의 다양한 현상을 관찰하고 자연환경 보존의 중요성을 인식하는 생태 학습원으로도 활용된다.

도시에서 비오톱과 같은 습지 공간을 보존하는 가장 적극적인 방법은 자연 신탁 제도이다. 우리나라는 2016년 '문화유산과 자연환경자산에 관한 국민신탁법'을 제정하여 이 제도를 실시하고 있다. 전주시 완산칠봉의 작은 비오톱도 원래는 벼농사를 짓던 계단식 논이었다. 이 논이 토지 생산성이 낮아서 수지타산이 맞지 않는다는 이유로 오랫동안 방치되어 있자, 시민들이 성금을 모아 이 땅을 구입하여 자연 신탁을 한 것이다. 이를 통해 이 습지는 자연 생태계를 지킬 수 있는 공간으로 살아남았다. 이미 외국에서는 자연환경, 유적지, 역사적 건물 등을 시민들의 성금이나 기부금으로 사들여 국민신탁을 하는 제도가 일반화되어 있다. 빠른 속도로 경제 성장이 이루어지면서 도시 인구가 급증하여 도시 생태계가 파괴되고 있는 현실에서 이러한 자연 신탁 제도를 통하여 자연 생태계를 복원하고 보존하는 일에 더욱 많은 관심과 참여가 필요하겠다.

생태 통로: 야생 동물이 지나가고 있어요!

자동차를 운전하다 보면 도로상에 만들어진 많은 구조물을 만난다. 태안반도의 꽃지해수욕장을 향해 운전할 때였다. 도로 옆으로 조선 왕조가 숲을 보호하기 위해서 설치한 금산禁山의 소나무가 빼곡히 늘어서 있다. 소나무 숲 옆으로 2차선 국도를 달리니 가슴까지 시원해졌다. 그런데 도로를 달리다 보니 육교라고 하기에는 너무 거대한 콘크리트 구조물이 눈에 들어왔다. 구조물 상단에 '야생 동물이 지나가고 있어요!'라고 쓰인 큰 글씨를 보고는 그 기능을 알았다. 그 아래에는 작은 글씨로 '생태계 연결 통로(Eco-bridge)'라는 말이 쓰여 있었다.

산업화가 되면서 산천 구석구석에 엄청나게 많은 자동차 도로가 건설되었다. 자동차 도로는 가능한 한 직선으로 건설된다. 산이 있으면 산을 깎고, 하천이 있으면 다리를 놓고, 낮은 곳은 메워서 만든 이들 도로는 도로를 기준으로 환경을 둘로 나눈다. 그 나누어지는 정도는 도로의 너

충남 태안에 있는 생태 통로. 편의를 위해서 동물들의 이동권을 침해한 인간들이 악어의 눈물 격으로 동물들에게 제공한 이동 통로이다.

비에 따라서 달라진다. 고속 도로나 국도 등은 자동차가 빠르고 안전하게 달릴 수 있도록 도로 갓길에 철조망이나 콘크리트 시설물을 짓는다. 이는 더욱 더 견고하게 도로의 양쪽을 분리하고, 이로써 동물들은 이산가족이 되고 만다. 이산의 아픔을 해결하기 위하여 무모하게(?) 도로 위를 가로지르는 경우 목숨을 담보해야 한다. 이런 횡단을 감행하다 생명을 잃은, 소위 로드 킬road kill을 당한 동물의 사체를 운전 중에 흔히 볼 수 있다. 참으로 안타까운 일이다. 인간이 동물들의 이동 권리를 빼앗은 결과이다.

　동물들에게 있어서 도로는 치명적인 시설이다. 사람들은 자신의 편의를 위하여 동물의 생존권을 침해하고 있다. 도로로 인한 서식처 단절은

한강 잠실대교 수중보에 만들어 놓은 어도. 어도는 하천에 만들어 놓은 구조물로 인하여 물길이 막힌 물고기의 이동을 돕기 위해서 설치되었다.

포유류, 파충류나 양서류 등의 동물들이 살아갈 곳을 축소시켜 생물 종의 감소나 멸종을 가져올 수 있다.

 환경의 질에 대한 관심이 증가하면서 동물들의 생존권 또한 소중함을 인식하게 되었다. 그 결과, 침해당한 동물들의 이동권을 보호하기 위해 사람들은 악어의 눈물 격으로 동물들에게 이동 통로인 생태 통로를 만들어 주고 있다. 생태 통로란 도로 건설, 택지 개발 등의 다양한 개발 사업으로 인하여 단절되거나 훼손된 야생 동물의 서식처들을 연결하기 위해서 인위적으로 만든 구조물이다. 이런 구조물이 만들어지는 것은 동물들에게 다행한 일이다. 생태 통로는 야생 동물의 이동 경로를 제공할 뿐만 아니라 천적이나 인간의 교란으로부터의 피난처 역할을 하고, 장기적으로는 생태계의 연속성을 유지시켜 준다. 물고기의 이동을 위한 어도魚道도 하천 생태계에 있는 생태 통로이다.

생태 통로는 이의 조성 주체에 따라서 자연 통로와 인공 통로로 나눌 수 있다. 자연 통로는 강을 따라서 형성된 숲길이나 숲 속의 동물 이동로를 말하며, 인공 통로는 터널이나 육교와 같이 인공 재료를 이용하여 인위적으로 만든 이동로이다. 인공 통로는 도로를 따라서는 기다란 선 모양으로, 산을 깎은 지역 등에서는 육교 모양으로, 사람들의 통행이 많은 곳에서는 터널 모양으로 만들어진다. 그러나 이러한 구조물의 건설 시 선행되어야 할 가장 중요한 사항은 야생 동물의 이동 경로를 파악하는 것이다. 그런 후에 이들의 단절된 이동 경로를 이어 줄 수 있는 최적의 장소에 생태 통로를 건설해야 한다. 그렇지 않을 경우, 생태 통로는 인간들이 동물들에게 행한 테러에 대해서 스스로 위안을 삼기 위해서 만든 또 다른 골칫거리로 전락하게 된다.

행여 운전 중에 생태 통로를 찾지 못하여 도로를 무단 횡단하는 동물들을 보았을 때, 그들이 건널 수 있도록 기다려 주는 마음의 여유를 가질 수 있기를 바란다.

천덕꾸러기가 된 하천의 보

 집에서 걸어서 멀지 않은 곳에 하천이 있어 운동 삼아 이곳을 찾곤 한다. 도심 하천에 만들어진 산책로에 사람들이 가득하다. 생활 오·폐수를 따로 분리하여 관리함으로써 맑고 깨끗해진 하천에는 물고기가 모이고 새들이 모여 든다. 참으로 보기 좋은 광경이다. 그런데 이 하천을 따라서 걷다 보면 다리도 아닌 것이 물길을 가로지르고 있는 콘크리트 구조물이 보인다. 다름 아닌 보(洑)다. 보는 하천의 물을 가둬 놓는 역할을 하는데, 물이 너무 많을 때를 대비하여 넘치는 물이 흐를 수 있도록 설치한다. 보의 위쪽(상류 쪽)은 수직면이고, 보의 아래쪽(하류 쪽)은 경사면을 이루고 있다. 경사면을 따라서 물이 흐른 흔적이 보인다.
 보의 사전적 정의는 논에 물을 대기 위하여 둑을 쌓고 흐르는 냇물을 막아 둔 곳이다. 즉, 농사를 위하여 하천의 물길을 막아 둔 작은 둑을 의미한다. 원래 보는 우리나라의 전통적인 수리 시설 중 하나이다. 우리는

전주천 덕진보. 하천을 가로질러 물길을 막아 물을 가둬 둔 보는 과거 농업 시대에 물을 저장하여 농업용수를 대는 기능을 담당하였다.

벼농사를 짓기 때문에 많은 물을 필요로 한다. 물이 넉넉지 않은 산지에서 논에 물을 대는 방법으로 이용한 것이 보다. 경사지를 따라 흘러가는 물을 막고 옆으로 물길을 내면 물은 자연스럽게 경사지의 논으로 흘러 들어간다. 농업 시대에는 이러한 보가 주요 물 공급 방법이었기에 우리나라의 크고 작은 하천에는 보가 많이 남아 있다.

하지만 농업 시대가 지나고 산업 시대를 거쳐 후기 산업 사회로 접어들면서 하천의 기능도 달라졌다. 이제 하천은 물을 바다로 내려보내는 통수通水의 기능과 각종 용수를 공급하는 기능을 넘어서 수변 공원 등 쉴 만한 경치를 제공함은 물론이고 생태학적 가치까지 인정받고 있다. 이처럼 사람들이 하천을 도구로서의 인식을 넘어서 심리적인 안정을 주고 삶의 질을 결정하는 생태계의 보고로서 인식하면서, 보는 하천 생태계에 많은 문제를 발생시키는 대상으로 전락하고 있다.

먼저, 보는 물의 흐름을 막는다. 흐르지 않는 물은 썩기 마련이다. 보를 중심으로 위쪽은 물이 고여서 썩고, 아래쪽은 물이 적어서 썩는다. 보의 위쪽은 물이 고여 많은 침전물과 함께 유기 물질이 모여든다. 유기 물질은 부영양화를 가져와 플랑크톤이 대량 증식하게 되므로 물속의 산소가 급격히 줄어든다. 산소가 부족한 물은 썩어 악취를 풍긴다. 특히 비가 적게 오는 시기에는 악취가 더욱 심해진다.

보는 토사의 흐름을 막는다. 보의 위쪽에는 상류에서 밀려온 토사가 쌓이고, 아래쪽은 물길이 막혀서 토사 공급이 끊기고 침식이 일어나 바닥이 파인다. 또 보는 홍수가 일어났을 때 물길을 막아 수해를 낳는다. 물이 하류로 빠르게 이동하는 것을 간섭하여 하천의 범람을 가져오며 상류에서 밀려오는 각종 폐기물과 나뭇가지 등이 보에 걸려서 범람의 위험을 가중시킨다.

보는 물길을 단절시킴으로써 하천 생태계에 큰 변화를 가져온다. 물고기는 상류로 거슬러 올라가는 습성을 지니고 있다. 그러나 보는 그들의 이동을 방해하거나 차단한다. 어도가 있으나 거의 기능을 하지 못한다. 이 때문에 보를 기준으로 해서 상류와 하류 간의 어류 생태계가 다른 양상을 보이기도 한다.

오랫동안 보는 농업 사회에서 자신의 기능을 충실히 수행하였다. 그러나 농업 사회를 넘어선 지금, 보는 도시 하천이 하천 생태계의 복원을 통해서 자연 하천으로 거듭나는 데 많은 역기능을 하고 있다. 때문에 도시에서는 하천의 보를 철거하자는 주장이 끊이지 않고 있다. 이런 주장은 하천을 자연 상태로 돌려보내려는 움직임이며, 우리에게 자연의 일부로 살아가는 삶이 얼마나 소중한지 일깨워 주는 계기가 되고 있다.

바닷가 모래사장이 사라진다

　여름의 끝자락을 부여잡고 변산으로 향하였다. 전주에서 변산으로 가는 것은 그리 어렵지 않다. 새로 만들어진 도로를 이용하니 변산해수욕장이 지척이다. 변산해수욕장으로 가는 길이 4차선으로 시원히 뚫리면서 옛날 같은 운치는 적어졌지만 아직도 한여름의 열기가 느껴졌다. 어지럽게 걸려 있는 현수막과 쉼 없이 오가는 차량들 그리고 빈번한 사람들의 왕래 속에 한여름 밤의 축제 여흥이 고스란히 남아 있었다. 솔숲 사이를 지나니 모래사장이 나타났다. 띠처럼 길게 남북으로 펼쳐 있는 백사장과 멀리 보이는 푸른 바다는 막바지 더위를 완전히 날리기에 충분하였다. 백사장과 그 주변에는 고무 보트를 빌려 주는 사람, 해수욕을 즐기는 사람, 간식거리를 파는 사람 등으로 가득하였다.
　내가 도착했을 때는 만조에 가까운 시간이었다. 백사장은 바닷물에 잠겨 있었고, 조금 남아 있던 모래사장마저도 잠시 후 파도에 휩쓸렸다.

파도는 기세당당하게 밀려왔다. 바닷물은 파도의 힘으로 밀려왔다가 중력의 방향으로 밀려나간다. 파도의 움직임을 눈으로 좇던 나는 저만치서 무언가를 발견했다. 놀랍게도 해수욕장 모래사장의 끝, 사구砂丘가 시작되는 사면에 콘크리트 바닥과 계단이 설치되어 있었다.

파도의 힘으로 밀려온 바닷물은 이 콘크리트 구조물을 친 다음 다시 바다로 빠져나갔다. 그런데 여기서 문제가 발생한다. 파도가 밀려오는 모래사장에 콘크리트 구조물을 설치하면, 그리 오래지 않아 백사장은 파괴된다. 그 원리는 간단하다. 파도는 바닷가에 모래를 날라다 주기도 하지만 모래를 바다로 끌고 나가기도 한다. 파도가 다시 모래를 끌고 나가지 못하게 하기 위해서는 파도의 힘이 스스로 다 소모될 때까지 파도를 간섭하지 말아야 한다. 다시 말해서, 밀려오는 파도의 힘이 0이 되기 전까지 그 안에 구조물을 설치해서는 안 된다. 파도는 관성의 힘으로 밀려와 바다로 다시 밀려가는데, 이때 구조물은 힘을 잃어야 하는 썰물의 파도에 오히려 힘을 실어 준다. 파도가 구조물에 부딪치는 힘에 비례하여 반작용이 일어나 죽어 가는 파도를 되살리기 때문이다. 바다로 빠져나가는 썰물이 살아 있으면 밀물 때 가져온 모래보다 더 많은 모래를 끌고 바다 속으로 사라지게 된다. 이렇게 모래의 퇴적양보다 침식양이 더 많아지면서 점차 해수욕장의 모래사장이 파괴된다.

이와 같이 바닷가의 구조물로 인한 해안 모래사장의 파괴는 동해안과 서해안의 크고 작은 모래사장, 즉 사빈沙濱에서 흔히 발생하고 있다. 모래사장 옆 콘크리트 계단이나 석축 아래쪽에 구멍이 뚫린 것을 쉽게 볼 수 있는데, 구조물 아랫부분에 있던 모래들이 파도에 실려 떠내려갔기

격포해수욕장에 설치되었던 콘크리트 구조물(위 사진, 2003)은 철거되었다(아래 사진, 2025).

때문이다. 시간이 지나면서 석축이나 콘크리트 벽은 맥없이 무너져서 바닷가의 흉물이 된다. 이런 활동들이 지속되면 참으로 오랜 시간에 걸쳐 형성된 모래사장은 허무하도록 짧은 시간에 파괴되고 만다.

그런데 이러한 현상이 쉽게 눈에 띄지 않을 수도 있다. 우리에게는 매년 모래사장이 파괴되지 않고 그대로인 듯 보일 수 있다. 그 답은 간단하다. 매년 해수욕장이 개장하기 전에 다른 곳에서 모래를 사다가 깔았기 때문이다. 자연이 준 아름다운 백사장을 근본적으로 복원하기 위해서는 모래사장을 억누르고 있는 콘크리트 계단과 바닥을 먼저 걷어 내야 한다. 그것이 우리의 해수욕장을 지속 가능하게 하는 길이다. 부안군 격포해수욕장은 해수욕장의 모래사장을 짓누르던 식당, 콘크리트 계단 등을 걷어내어 해수욕장을 지켜내고 있다.

인간의 욕심과 간섭으로 심한 몸살을 앓고 있는 모래사장. 지방 자치 시대가 도래하면서 수많은 카페, 식당, 교통로, 숙박업소 등이 무분별하게 해안가에 건축되었다. 지방 자치 단체들이 오랫동안 바다를 이용하여 돈을 벌 요량이라면 이기심으로 가득 찬 바닷가의 구조물들을 바다에서 보다 멀리 후퇴시켜야 한다. 자연은 자연 상태로 놓아 두었을 때 가장 자연스럽고 그 자연스러움이 사람들을 그곳으로 불러들여 오랫동안 돈벌이를 할 수 있게 한다.

해안가의 대형 리조트는 자본으로 경관을 지배하는가?

　여름철 무더위를 피해서 동해 바닷가로 갔다. 동해안의 푸른 바다와 모래사장, 주변의 소나무 군락은 더위로 지친 나의 몸에 활력을 주었다. 동해안에도 이렇게 아름다운 경치를 지닌 장소에는 어김없이 펜션, 위락시설, 리조트, 식당, 카페 등이 들어서 있다. 그중에서도 하얀색과 짙푸른 파란색을 가진 지중해풍의 리조트가 압권이다. 이 리조트는 해안 암석 절벽 위에 자리하여 동해의 아름다운 경치를 한눈에 볼 수 있는 뷰를 지니고 있다. 호텔, 워터파크, 베이커리 카페, 식당, 펍 등도 갖추고 있어서 먹고 놀고 즐기기에 안성맞춤의 공간으로 보인다.

　거대한 규모를 자랑하는 이 리조트는 스스로 '동해의 작은 산토리니'라고 광고한다. 이 리조트가 입지한 곳은 동해안에서 바다 쪽으로 육지가 튀어나온 지형, 즉 곶串이다. 곶의 정상에 건설했기 때문에 모래사장, 파도, 푸른 바다와 하늘을 아주 멀리까지 조망할 수 있다. 한마디로 멋진

강원도 삼척에 자리한 대형 리조트에서 바라본 동해바다와 모래사장. 이 리조트는 동해안의 아름다운 경관을 지배하고 있다.

바다 뷰를 지닌 곳이다. 특히 이 리조트는 인공경관과 자연경관이 어우러져 있어서 사람들의 눈을 즐겁게 해 준다. 바다와 워터파크에서 해양 액티비티를, 조망을 가진 카페에서 아름다운 경관을, 그리고 맛집에서 맛있는 음식을 즐길 수 있도록 원스톱 서비스를 제공한다.

　하지만 강원도 삼척에 자리한 이 대형 리조트는 아름다운 자연경관을 독점하고 있다. 하늘 아래 모두가 즐길 수 있는 공공재인 자연경관을 독점하고 있다. 이는 리조트가 자연으로의 진입 장벽을 형성함으로써 계층에 따른 차별을 자행하고 있는 것이다. 자본을 가진 관광기업이 아름다운 풍광을 지배하기 딱 좋은 부지를 사서 리조트를 건설하면, 경관을 독점한 이 시설에의 접근 가능성으로 사람들의 구별짓기가 이루어질 수밖에 없다.

리조트는 취향의 공간이다. 그런데 취향의 아비투스를 공유한 사람들과 그렇지 못한 사람들을 구별짓기하여 계층의 공고화를 재생산하고 있다. 리조트는 취향을 즐길 수 있을 정도의 경제 자본을 가진 자에게 유리한 곳이다. 기업 자본가가 만든 리조트에서 경제 자본을 사용하여 독점 지배한 자연경관을 이용하면서 자기 취향을 즐기고 있다. 그리고 타자와 구별하여 취향을 즐기는 비싼 대가를 기꺼이 지불한다. 리조트 시설 자체도 해안가 모래사장으로 진입하지 못하게 막고 있다. 리조트를 이용하지 않는 사람들에게는 모래사장으로의 접근 통로를 통제하여 자연경관의 이용과 경험을 불편하게 함으로써 경제 자본으로 사람들을 구별하려 드는 것이다. 리조트는 누구나 향유할 수 있는 바다와 모래사장, 풍광 등의 공공재를 특정 사람이나 계층이 더 많이 지배하는 사유재로 만들고 있다.

동해안의 리조트를 이용하는 사람은 소득과 재산을 가진 경제 자본으로 그곳에서 취향을 향유하고, 거기서 향유한 경험으로 형성한 습관인 아비투스로 문화 자본을 가지게 되고, 문화 자본의 소유로 자신을 타자와 구별짓는다. 동해안의 해안 절벽 위에 아름다운 뷰를 가진 리조트가 많은 사람들이 즐겁고 행복한 장소로 변신하길 기대해 본다.

검은 암석에 암각화로 생활을 남기다

　중앙아시아에 위치한 나라 키르기스스탄의 이식쿨 호수로 여행을 갔다. 이 나라의 수도인 비슈케크에서 이식쿨 호수로 이동하면서 톈산산맥을 따라 펼쳐지는 거대한 습곡 산지와 침식 지형, 초원과 만년설을 볼 수 있었다. 고속도로 주변에서는 시골의 정취를 보여 주는 작은 마을, 주택, 양 떼, 밀밭 등이 나타났다가 사라지기를 반복하였다. 고속 도로 주변의 경관을 한참이나 눈에 담으면서 거대한 이식쿨 호수에 도달하였다. 이식쿨 호수는 톈산산맥의 눈이 녹은 물을 가두어 천상의 아름다움을 간직하고 있다. 호수는 수평선을 가질 정도로 거대하여 마치 바다와 같은 위용을 보여 주고 있다. 호수 주변에는 모래사장과 함께 아름다운 나무들이 분포해 있고, 각종 휴양 시설, 숙박업소, 별장 등이 즐비하게 자리하고 있다.
　이식쿨 호수 주변에 위치한 촐폰아타에는 선사 시대 인류의 삶을 보

촐폰아타의 지형경관. 거대한 바위와 토사가 밀려와서 평원을 형성하였다.

촐폰아타의 암각화. 검은 바위 위에 이곳 원주민은 자신들의 생활 모습을 그려 놓았다.

여 주는, 42헥타르 규모의 암각화巖刻畵 야외 박물관이 있다. 이곳의 암각화는 기원전 2000년부터 서기 400년대까지 살았던 유목민의 삶을 담고 있다. 수렵과 채집의 시대를 살았던 사냥꾼, 사슴, 말, 산양, 늑대 등이 암석 표면 위에 투박하게 새겨져 있다.

이 암석들이 분포한 곳은 건조지방의 평원이다. 이 평원은 상공에서 보면 선상지와 같은 지형 모습이다. 그 옛날 빙하가 이동하면서 밀고 온 퇴적물(빙퇴석)이 쌓여서 긴 띠를 형성하였다. 이 말단 빙퇴석들은 자연스럽게 제방 기능을 하며 융빙수를 담아 빙하호를 만들었다. 이후 빙하호의 둑이 터지면서 거대한 바위들과 토사가 호숫물에 밀려서 낮은 곳을 메꾸어 지금의 평원을 형성하였다. 그 결과, 크고 작은 암석들이 평원 위에 드러났다.

이곳의 암석은 주로 화강암으로 건조한 기후에 오랫동안 노출되어 있었다. 건조 기후하에서 암석의 표면이 강렬한 태양과 공기를 만나면 암석 속의 철·망간 등이 산화된다. 그 결과 암석 표면이 검은색을 띠게 되는데 이것을 사막칠沙漠漆, desert varnish 현상이라 부른다. 이런 암석의 사막칠 현상은 중앙아시아, 아프리카, 남미 내륙 등의 건조 기후 지역에서는 흔히 볼 수 있다. 검게 변한 암석의 표면은 돌 등을 이용하여 그림을 그릴 수 있는 도화지와 같은 기능을 한다. 그래서 검은 돌 위에 생활 모습을 표현할 수 있었다.

촐폰아타 암각화는 선사 시대 사람들의 삶을 그대로 반영하고 있다. 수렵과 채집의 시대에는 동물 사냥이 가장 중요했으므로 사냥 잘하는 사람을 주인공으로 검은색 암석들 위에 그 모습을 그렸다. 그 암각화들이 지금까지 촐폰아타의 평원에 남아서 야외 암각화 공원을 형성하고 있다. 하지만 야외 공원의 암각화들이 관광객들에게 무방비로 노출되어 있어서 보존을 위한 조치가 시급해 보인다. 키르기스스탄 정부와 유네스코 등이 앞장서서 선사시대의 암각화를 미래에도 볼 수 있도록 보존하기 위한 노력을 해 주길 바란다.

둠벙: 생태계의 지혜를 주는 작은 연못

 시골길을 걸으면서 논이나 밭에 자리한 작은 물웅덩이를 만나곤 하는데, 이런 물웅덩이를 둠벙이라 부른다. 둠벙은 보통 논이나 밭의 가장자리에 있으며 사시사철 물이 마르지 않는 샘이다. 둠벙은 수심이 깊지 않고 수량도 많지 않다. 둠벙은 하천이나 개울이 발달해 있지 않거나 관개 수로가 없는 곳에 위치한다. 특히 천수답일 경우에는 매우 소중한 농업 시설 중의 하나이다. 둠벙은 주변 논과 밭에서 농사를 짓는 데 꼭 필요한 물을 상시로 담아 두었다가 적시에 공급해 주는 작은 저수지의 기능을 수행한다.

 둠벙은 오랫동안 농사를 지어 온 선조들의 경험과 지혜의 소산이다. 사람이 본능적으로 한 뼘이라도 경지를 넓히고 싶은 욕망이 가득할지라도 그 욕망을 잠시 내려 두고 모두가 공존할 수 있는 지혜를 발휘하는 현장이다. 그래서 둠벙은 경작지의 경계를 나누어 가진 농부들이 서로 양

전북특별자치도 고창군의 겨울철 둠벙. 농업용수를 공급하는 기능을 한다. (사진: 김덕일)

보하여 만든 공유지라고 볼 수 있다. 농부들은 둠벙을 공유함으로써 비가 내리지 않는 가뭄에도 견딜 만한 물을 모두 제공받을 수 있었다.

둠벙은 분수계를 함께하는 곳에서 발원한 물이 지하수로 흐르다가 지상으로 솟아나는 오아시스와 같다. 그래서 둠벙은 지하수가 일정하게 흐르다가 용천을 하는 곳에서 발달한다. 둠벙에 담은 물의 양을 늘리기 위하여 둠벙의 크기를 인위적으로 확장하기도 한다. 어느 마을에서는 둠벙의 주변에 돌이나 콘크리트로 축대를 쌓아서 둠벙을 튼튼하게 만들기도 했다. 어릴 적에 마을의 둠벙에서 수영이라고 말할 정도는 아니지만 물놀이를 했던 기억이 있다. 초등학교를 오가던 길에서 만나는 둠벙에 발을 담그거나 멱을 감으며 놀았다. 하지만 둠벙에는 무서운 귀신이

전북특별자치도 전주시 만성동의 둠벙과 식생. 둠벙은 생태계의 보고로서 기능을 한다.

나 전설 같은 이야기들이 전해진다. 아마도 마을 경작지의 물 공급원을 보호하거나, 아이들에게는 상대적으로 수심이 깊어서 둠벙의 위험으로부터 아이들을 보호하기 위해서 지어 낸 것으로 보인다. 이 또한 마을 주민들의 경제적 이익과 함께 사람을 보호하려는 삶의 지혜일 것이다.

  오늘날 둠벙은 경지 정리와 관개 수로의 보급으로 그 숫자가 매우 많이 줄었다. 선조들의 환경 적응을 보여 주는 전형적인 사례인 둠벙에는 자연환경을 거스르지 않고 자연을 이용할 줄 아는 지혜가 담겨 있다. 둠벙은 논과 밭 옆에 붙어 있어서 낙차나 고도의 차이를 이용하여 자연스럽게 물을 경지로 흘려보내기가 어렵다. 그래서 용두레라는 농기구를 사용하여 둠벙의 물을 퍼내서 이용하였다. 물론 근대에는 양수기를 이용하여 둠벙의 물을 경지에 대고 있다. 정부는 둠벙의 가치를 인정하여 우리나라의 중요 농업유산으로 등록, 보존하고 있다.

둠벙은 생태 연못의 기능도 하고 있다. 물을 상시적으로 가지고 있어서 물푸레나무, 버드나무 등이 주변에서 잘 자란다. 둠벙의 물은 생태계의 보고로서 개구리, 소금쟁이, 민물새우, 붕어, 미꾸라지 등이 자라기에 적절하다. 따라서 둠벙의 연못을 중심으로 작은 생태계가 안정적으로 형성되어 있다. 둠벙은 수생동물, 나무, 새 등에게 서식처와 먹이를 제공하여 서로가 공생할 수 있는 기반을 제공해 준다. 인간의 욕심이 가장 크게 작동하는 경지와 자연을 닮으려는 둠벙 사이에서 공생의 지혜가 머물고 있다. 아이러니하게도 농업이 덜 중시되는 시대에 둠벙의 생태적 가치가 돋보이고 있는 것이다. 생태계의 보고로서 둠벙의 존재와 가치를 다시금 눈여겨보고 있다. 작은 연못인 둠벙으로부터 오늘날 환경 문제, 기후 위기 등에 대한 혜안을 구할 수 있다.

새우 양식과 맹그로브 숲의 관계를 생각한다

나는 새우를 좋아한다. 새우의 맛은 거부할 수 없을 정도로 너무나도 강렬하다. 어릴 적에 먹던 새우깡이란 과자는 새우에 대한 매력을 증폭시켜 주었다. 새우깡 과자 봉지 위에서 붉은색의 자태를 지니고 한껏 매력을 뽐내고 있는 새우는 나의 식욕을 자극하기에 충분하였다. 나는 일상에서 크림을 듬뿍 얹은 파스타 속의 새우, 붉은 국물 속에서 붉은빛을 발하는 중국집 삼선짬뽕 안의 새우, 뷔페식당의 수많은 음식 중에서도 존재감을 잃지 않는 새우, 석쇠 위에서 뜨거운 열에 붉은 보호색으로 변신하는 새우, 튀김가루를 몸에 잔뜩 붙이고서 뜨거운 기름에 뛰어든 새우 등 다양한 형태로 변한 새우를 먹는다. 새우는 다양하고 다채로운 모습으로 우리의 식생활과 함께 한다.

문득 내가 먹는 새우는 어디에서 왔을까 궁금해진다. '어디에서 왔을까?'라는 물음은 가장 원초적인 지리적 질문이다. 이 질문을 내가 먹는

대형 마트 진열장의 수입 새우. 새우 소비량의 급증으로 외국에서 새우를 수입하고 있다.

새우에도 적용해 본다. 그 많은 새우는 어디에서 왔을까? 새우의 소비량이 급증하면서 외국으로부터 수입하는 새우의 양이 증가하였다. 우리가 소비하는 새우의 많은 양은 동남아시아에서 온다. 동남아시아는 새우를 대량으로 양식하여 세계로 수출하는 지역이다. 이 지역 새우 양식업자들은 대규모 양식장에서 대량 생산된 새우를 세계의 소비자들에게 수출하여 이윤을 창출한다.

그런데 동남아시아의 새우 양식장은 주로 바닷물이 드나드는 갯벌이 있는 수역에 자리하고 있다. 그 수역은 염생 식물인 맹그로브 나무들이 자라는 곳이어서, 새우 양식을 위해서는 수많은 맹그로브 나무를 제거해야 한다. 따라서 동남아시아에서의 새우 양식은 해안 갯벌에서 자라는 맹그로브 숲의 파괴를 동반한다는 역설이 있다. 새우의 대량 양식은 맹그로브 숲의 파괴뿐만 아니라 새우 항생제의 남용으로 해안 생태계에서 중요한 어류들의 서식지도 파괴한다. 또한 맹그로브 숲의 갯벌에서 전통적인 어업을 하던 현지 주민들의 삶의 터전도 망가뜨리고 있다. 이렇듯 우리가 먹는 값싼 새우가 상대적 약소국의 환경과 그곳에 사는 사람들의 삶을 파괴하거나 어렵게 하기도 한다.

인간의 과도한 욕심으로 발생한 맹그로브 숲의 파괴는 곧 우리에게 큰 재앙을 가져다줄 수도 있다. 환태평양 조산대의 불의 고리에 해당하는 인도네시아 해안에서는 지진 해일이 자주 발생한다. 이곳의 지진 해일은 주민들에게 맹그로브 숲을 파괴한 대가를 치르게 하였다. 해안 갯벌의 맹그로브는 보통 9미터 정도로 자라지만 종에 따라서는 20여 미터까지 자라기도 한다. 그래서 맹그로브 숲은 해안에서 발생하는 해일을 1차적으로 막는 방파제 역할을 한다. 맹그로브 숲의 제거로 인한 피해의 대표적 사례가 2004년 인도네시아에서 발생한 지진 해일이다. 이 해일은 아무 걸림돌 없이 순식간에 해안 도시를 덮쳤고, 그 결과 이루 밀할 수 없을 정도로 엄청난 인명과 재산 피해를 가져왔다.

새우를 먹으면서 동남아시아 갯벌의 맹그로브 숲을 생각해 본다. 세계화 시대에 새우와 맹그로브 숲의 연계성은 커지고 있다. 서로 이질적이고 무관한 것처럼 보이는 현상들을 서로 연계하여 살펴보고 생각하는 지혜가 필요한 시대이다. 지금 나의 입을 즐겁게 하는 행위가 나와 멀리 있는 곳의 환경과 누군가의 삶에 밀접하게 연계되어 있음을 깨닫는다. 이제 우리는 지속 가능한 세계에서의 공생을 생각해 봐야 한다.

마을숲: 환경에의 적응과 지속 가능성

시골 마을에 들어선다. 마을 앞의 정자가 지나는 사람을 먼저 맞는다. 전통 마을의 입구에는 어김없이 정자 또는 마을회관이 자리하고 있다. 그 정자를 포근하게 감싸고 있는 존재는 마을의 동수洞樹이다. 마을의 입구에는 느티나무, 팽나무, 서어나무, 은행나무, 물푸레나무, 이팝나무 등으로 이루어진 숲이 있는 경우가 많다. 이처럼 마을 사람들이 마을에 조성한 나무숲을 마을숲이라고 한다. 마을숲은 반드시 나무의 숫자만을 기준으로 하지는 않는다. 마을 입구의 거대한 느티나무 한 그루도 마을숲으로서 기능을 할 수 있으나, 일반적으로 여러 그루의 나무들로 이루어진 숲을 의미한다. 마을숲의 수종은 보통 한 종으로 이루어져 있는데 느티나무, 팽나무가 일반적이다. 마을숲은 먼발치에서 마을을 바라볼 때 마을을 포근하게 감싸는 형태이다.

전통 마을의 마을숲은 다양한 기능을 하는데, 그중 제일은 비보림備補

林으로서의 기능이다. 비보림은 마을의 허한 곳을 보충하는 기능을 한다. 마을에는 마을보다 높은 곳에서 발원하여 마을 앞을 지나서 빠져나가는 개울이 있다. 그 개울이 빠져나가는 입구를 수구水口라고 하는데, 이 수구를 통해서 마을 밖의 액운이나 화, 전염병 등이 들어오는 것을 막기 위하여 수구막이를 할 필요가 있었다. 이때 사용한 선조들의 지혜가 마을숲을 조성하는 방식이었다. 마을의 수구에 나무를 심어서 숲을 조성함으로써 마을 밖에서 마을이 금방 눈에 띄거나 노출되지 않도록 하였다. 이런 면에서 마을숲은 타인이나 적으로부터 마을을 보호하는 승지勝地의 기능을 하였다. 마을숲의 나무가 유실수인 경우에는 주민들에게 경제적 이익도 제공하였다. 마을숲 안에 자리한 정자나 모정茅亭 등은 외부인의 마을 유입을 감시하는 검문 기능도 하였다. 이처럼 마을 주민

전북특별자치도 완주군 공기마을의 마을숲. 마을숲은 마을을 외부인으로부터 보호해 준다.

전북특별자치도 전주시 행치마을의 마을숲. 마을숲은 수구막이의 기능을 한다.

들이 대대로 인위적으로 조성한 마을숲의 기능은 다양하였다.

  요즘은 마을숲이 마을에 아름다움을 가미하는 경관으로서 기능하고 있다. 산업화로 인하여 그 전형적인 경관의 형태가 많이 훼손되었지만, 여전히 마을숲은 마을을 지키고 있다. 멀리서 보아도 넓은 품을 가진 나무들이 마을을 안전하고 포근하게 안고 있다. 또 마을숲은 생태 경관의 의미를 지니고 있다. 오래전부터 마을 입구에 서서 숲과 사람이 공존하는 길을 보여 주고 있다. 항상 그 자리에서 마을을 누대에 걸쳐서 오고 간 사람들을 기억하고 있다. 켜켜이 쌓아 온 나이테에 마을의 역사를 기억해 주고 있다. 동구 밖에 줄지어 서서 마을 주민들과 동고동락을 같이 해 오고 있다.

마을숲은 우리에게 지속 가능한 미래에 대한 지혜를 보여 주고 있다. 마을숲의 나무들은 바람이 불면 나뭇가지들을 흔들어 순응하나 그 근본인 뿌리는 한 치의 흔들림도 없다. 변화무쌍한 세상 속에서도 그 중심을 지키면서 마을 주민들과 함께 하고 있는 것이다. 숲으로서 존재 이유를 충실히 보여 주면서 우리 미래의 어떤 변화에도 인간이 자연의 일부라는 진실을 끄떡없이 그리고 말없이 가르쳐 주고 있다. 마을숲은 마을을 지나는 과객에게도 멋진 생태 경관을 하고서 너른 품을 내주며 서 있다.

송전 선로의 문제:
전력의 생산지와 소비지의 불일치가 빚은 갈등

 연일 폭염 특보를 알리는 안전 안내 문자가 온다. 그리고 나는 어김없이 에어컨 리모컨을 손에 들고 에어컨을 켰다. 에어컨을 사용하지 않고 한여름을 나는 것이 무척이나 힘들다. 날씨가 무더워지면서 우리 집의 전기 사용량도 급증하였다. 폭염 뉴스와 함께 폭염 속에서 전기를 전달하는 송전탑의 노선 문제로 시위하는 주민들의 뉴스가 보도되었다. 국민을 폭염으로부터 자유롭게 해 주기 위해 설치해야 하는 송전탑 선로 문제로 송전선이 지나가는 지역의 주민들이 너무도 뜨거워져 있다.
 송전탑은 전기를 공급하는 전선을 이어 주는 시설물이다. 송전탑은 일정한 간격을 두고 세워져 있어 안전하게 전기를 공급하는 기능을 한다. 전기는 생산지와 소비지가 있다. 우리나라는 전기의 생산지와 소비지가 많이 떨어져 있다. 전기를 생산하는 발전소는 그것이 수력이든, 원자력이든, 화력이든 사람들이 많이 거주하는 도시에서 멀리 떨어져 있

마을을 지나는 송전탑. 송전탑의 송전선에는 고압의 전기가 흐르면서 자기장이 발생한다.

다. 수력 발전소는 하천을 가로막아 낙차를 구하기 위해서 주로 하천의 상류에 건설한다. 화력 발전소는 주로 석탄을 이용하기에 석탄을 수입하기 좋은 항구 부근에 건설한다. 그리고 원자력 발전소는 그 위험성이 높아서 최대한 지질학적으로 안전한 지형과 냉각수를 구하기 쉬운 곳에 건설한다. 이처럼 발전소는 사람들이 많이 거주하는 장소와 떨어져 있다. 문제는 생산한 전기를 소비지인 도시로 보내는 데서 발생한다.

　전기를 생산하여 소비지인 도시로 보내기 위해서는 송전탑, 전선과 함께 고압 장치가 필요하다. 전기의 생산지와 소비지 사이에 전기를 공급하기 위해서는 전선이 필요하고, 이 전선을 높이 세워 둘 송전탑도 필요하다. 송전탑을 건설하고자 하는 측은 초고압의 전기를 생산지에서 소비지까지 최단거리로 보내려고 한다. 그래서 송전을 위한 노선이 중요하다. 그 노선 위에 일정한 거리를 두고 송전탑을 건설한다. 여기서 주

송전 선로와 송전탑 반대 시위. 누군가를 위한 송전탑 건설로 자신의 삶을 희생시킬 수 없다고 주장한다. (출처: 전북환경운동연합)

민들의 의사와 상관없이 송전 노선이 결정되는 게 문제이다. 송전탑이 세워지고 초고압의 전기가 연중무휴로 마을을 지나가니 주민들이 송전탑과 송전 선로의 건설을 반대하는 것은 너무도 당연하다. 문제는 더 있는데, 초고압의 전기가 뿜어내는 자기장이 그것이다. 마을 주민들은 전기의 자기장이 마을 주민들의 신체에 악영향을 주어 건강을 해치고, 기르는 가축들에게도 나쁜 영향을 줄 것이라고 주장한다. 그래서 송전탑과 송전 선로의 건설을 두고서 한국전력과 첨예한 갈등을 빚고 있다. 마을 주민들은 자신들과 무관한 도시인들을 위하여 자신들의 생활 터전이자 고향을 잃을 수도 있다고 생각한다.

송전 선로와 송전탑 문제의 해결을 위하여 정부와 한국전력은 대책을 제시하여야 한다. 근본적인 대책은 전력의 생산지와 소비지의 거리를 최적화하는 것이다. 이를 두고 지산지소地産地消라고 부른다. 생산한 지역에서 전력을 소비하자는 개념이다. 전력 소비지, 특히 공장에서 지나치게 먼 곳에서 전력을 생산하여 장거리의 송전 선로를 이용하여 전력을 공급하는 데서 모든 문제가 비롯되기 때문이다. 많은 양의 전기를 필요로 하는 공장을 수도권에서 전력 생산지 권역으로 이전하면 송전 선로로 인한 갈등은 줄어들 것이다. 차선책으로는 고속 도로, 철도, 국도 등의 접도 구역과 같은 기왕의 공유지를 활용하여 송전 선로를 건설하자는 대안도 있다. 송전 선로의 건설을 최단 거리라는 경제 논리로 접근할 것인지, 그곳에서 살아가는 주민들의 삶을 존중하는 가치 논리로 접근할 것인지 따져 물을 때다.

제3장
사회와 문화

영토를 놓고 벌이는 한중일 삼국지

중국이 백두산에서 2006년 중국 동계체육대회의 성화를 채화하면서 다시 동아시아 역사 왜곡을 시도하였다. 소위 동북공정東北工程이라는 이름으로 고구려, 발해 등의 우리 고대 역사를 자기네 역사로 편입하려 하는 것이다. 한편 남쪽에서는 일본이 초·중·고등학교의 사회, 지리, 역사, 지리부도 등의 교과서를 통해서까지 독도가 자기네 땅이라고 우기고 있다. 바야흐로 현대판 한중일 삼국지가 펼쳐지고 있다.

고구려와 발해 역사의 흔적을 없애고 더 나아가 이들을 중국 역사로 편입시키려는 중국의 역사 왜곡은 우리가 백두산 이북의 간도 땅을 잃으면서 빚어진 일이다. 그래서 중국이 현재 자국 내에서 행하는 행위를 지켜보면서도 소극적으로 대처할 수밖에 없는 상황이다. 반면에 일본도 우리가 점유하고 있는 독도와 동해에 대해서 각종 신경전을 벌이고는 있지만 달리 뾰족한 수가 없다. 이 두 경우는 영토에 대한 실효적 지배가

 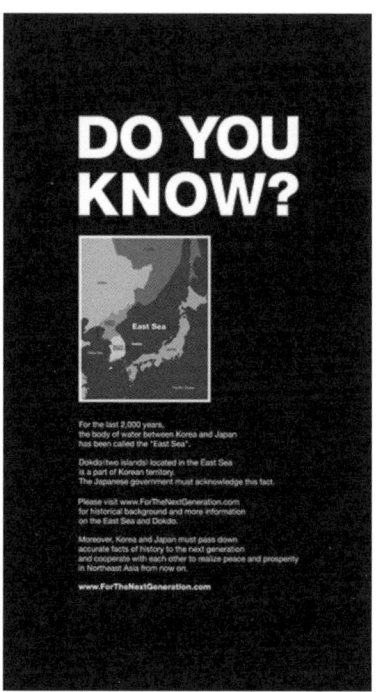

〈뉴욕 타임스〉에 게재된 고구려 광고와 독도 광고. 이 광고는 중국과 일본의 역사 왜곡에 대해 전 세계인들에게 바른 과거사를 알려 주고자 마련되었다.

어떤 영향을 주고 있는가를 보여 준다.

실효적 지배를 하고 있는 실존적 영토든 과거 우리의 땅이라는 정신적 영토든 간에, 그 영토를 지키는 일은 매우 중요하다. 오늘날의 영토 분쟁은 이런 중요성 때문에 일어나고 있다. 때로는 영토를 실효적으로 지배하지는 못하더라도, 과거의 우리 땅에 대해서 바로 아는 것은 우리의 정신적 주권을 지키고 이를 바로 세우는 일이다. 그래서 우리는 영토사에 대해서 보다 잘 알고 있을 필요가 있다.

이런 중요성을 조선의 실학파들은 이미 알고 있었다. 정약용은 『아방강역고我邦疆域考』를, 유득공은 『발해고渤海考』를, 신채호는 『조선상고사朝鮮上古史』를, 신경준은 『산경표山經表』를, 김정호는 '대동여지도大東輿地圖'를 펴냈다. 대체로 우리나라의 찬란한 고대사와 그 시대의 강역, 즉 영토가 한반도를 넘어 만주 지역에 걸쳐 광대하게 펼쳐져 있었음을 알려 주고 있다. 과거 우리가 동아시아를 호령했던 대국임을 기억하길 바라고 있다. 그리고 우리나라의 영토 구석구석에 애정과 관심을 가져 주길 바라고 있다. 특히 이런 강역에 관한 생각은 국운이 쇠해질 즈음 민족에 대한 당당한 자부심을 가지게 했으며, 미래의 국가 회복에 자신감을 갖도록 했다.

지금은 과거와 다른 상황이다. 그래도 아쉬운 것은 중국과의 영토 분쟁과 과거사 논쟁에 있어서 일본과의 논쟁에 비해서 상대적으로 저자세를 취하고 있다는 점이다. 과거 사대주의적 근성에 의한 결과라 생각하고 싶지는 않다.

현재 우리나라의 영역은 한반도와 그 부속도서로 하는 영토領土, 영토로부터 소위 12해리까지의 영해領海, 그리고 영토와 영해의 수직 상공 하늘(대체로 대기권까지의 높이)인 영공領空으로 이루어져 있다. 그 어느 하나도 소홀히 할 수 없는 요소다. 조선 시대 말기, 국운이 쇠하던 때 간도 등의 영토를 잃어버렸고, 일제 강점기에는 우리의 영토를 빼앗기기도 했다. 영토 없이 국가가 존속할 수는 없다. 영토가 없는 민족은 국가를 형성하지 못해서 세계사의 흐름 속에서 사라질 수밖에 없다. 국경 없는 세계화가 진행되고 있고 전 세계가 하나로 지구촌화되더라도 국가의 영토는 소중하다. 그 영토에 더하여 자본과 기술과 문화와 삶이 이루어질 수 있기 때문이다. 국토를 소중히 여기는 것을 그 어느 경우보다 우선시해야 할 이유가 여기에 있다.

백두대간과 태백산맥 사이

 어느 해 가을과 겨울이 교차하는 때, 마음 급한 첫눈이 산악 지대에 내렸다. 시간을 내어 산행을 좀 멀리 가기로 했다. 전북 장수군에 위치한 장안산 입구에 도착하니 산하의 단풍이 막바지에 이르러 있었다. 늦가을 정취를 한껏 감상하며 무령고개에 올랐다. 무령고개에서 장안산 정상까지는 3km이다. 능선을 타고 걷는 산행이어서 그리 숨차지는 않았다. 오르고 내리기를 반복하면서 눈 쌓인 등산길을 걸었다. 잠시 눈을 들어 보니 능선에는 억새가 가득하다. 탄성이 절로 나왔다. 간혹 눈이 녹은 길은 질퍽거려 걷기에 힘들었다. 마침내 산 정상에 오르니 1,213m 산의 위용을 실감할 수 있었다.
 장안산 앞에는 백두대간을 잇는 백운산 줄기가 펼쳐져 있다. 산은 산을 어깨 삼아 켜켜이 그 속살을 숨기면서 백두대간의 위용을 드러냈다. 장안산은 백두대간에서 금남호남정맥이 뻗어나가는 기봉이다. 그런데

신경준의 산경표 체계는 백두산을 시조산으로 삼고 여기에서 이어지는 산줄기를 표현한 것으로, 우리의 족보와 유사한 방식으로 기록하고 분류하였다.

장안산 정상 표지석의 뒷면에는 이 산이 노령산맥의 기점이라고 새겨져 있었다. 어느 등산객이 '노령산맥'이라는 글귀를 정성스럽게도(?) 돌로 찍어 없앤 흔적이 보였다. 이것을 보는 순간, 우리의 산하를 '대간大幹'과 '정맥正脈' 등의 분류 체계로 설명하는 틀과 '산맥山脈'으로 표현하는 분류 체계 간의 가치 충돌이 심각함을 새삼 느꼈다.

우리의 전통적 산하 분류 체계는 신경준의 『산경표山經標』에 집대성되어 있다. 흔히 우리가 말하는 백두대간白頭大幹, 호남정맥湖南正脈 등의 표

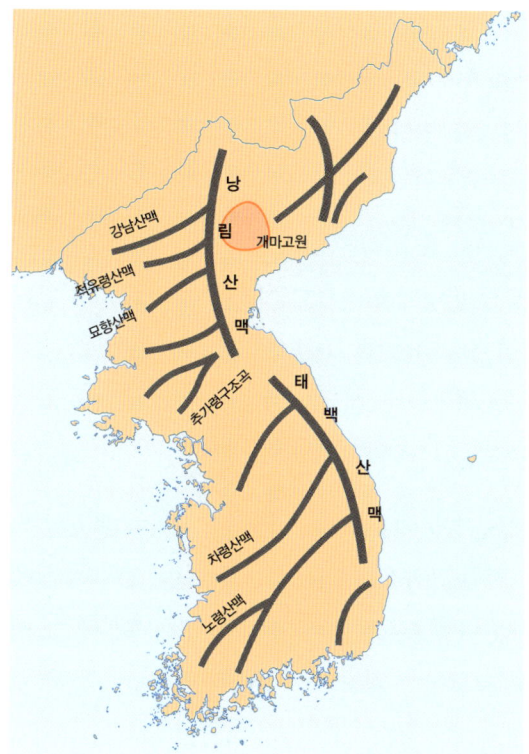

일본 지리학자 고토 분지로가 작성한 산맥 체계는 산이 만들어진 지질을 중심으로 지형을 표현한 것으로, 산줄기가 떨어져 있어도 동일한 줄기로 보는 등 일상적 삶의 경계와 차이가 있다.

현이 대표적인 예이다. 또 다른 분류 체계로는 지리 시간에 배운 산맥론이 있다. 일본 지리학자인 고토 분지로小藤文次朗가 1903년에 『조선산악론朝鮮山岳論』에서 주장한 분류 체계다. 소위 말하는 태백산맥과 소백산맥 등이 대표적인 표현이다. 최근 우리는 일본 지리학자가 붙인 국토 분류 체계보다는 조선 시대의 전통적인 분류 체계에 더 깊은 의미를 부여하고 있다. 이러한 의미 부여는 가치 갈등을 낳기도 한다. 그러나 두 분류 및 표현 체계는 나름대로의 의미가 있다.

신경준의 산경표는 우리나라의 모든 산을 족보와 유사한 방식으로 분류하는 방식이다. 백두산을 시조산始祖山으로 삼고, 백두산에서 이어지는 산줄기를 가계도처럼 표현하였다. 지표상에 드러난 산의 형태를 중심으로 산이 능선을 통하여 지속적으로 이어지는 형국을 체계적으로 나타냈다. 즉 산 정상의 분수계를 중심으로 산이 이어지는 모습을 표현한 것이다. 이는 산이 사람들 삶의 경계를 이루고 이 경계가 지역차를 낳는 중요한 토대를 제공하고 있음을 이해하는 데 큰 도움을 준다.

산맥론은 이와는 다른 방식의 분류 체계이다. 혹자는 일본 지리학자가 이름을 붙였다고 하여 무조건 비난을 하지만 이는 옳지 않다. 산경표가 산이라는 눈에 보이는 산세와 산줄기를 중심으로 지형을 보았다면, 산맥론은 산이 만들어진 지질을 중심으로 지형을 표현한 것이다. 산은 지질 활동, 즉 융기와 침강, 단층 등을 통하여 만들어졌기 때문에 그 성인成因을 중심으로 지형을 분류하고 표현하는 개념인 산맥도 중요한 분류 체계이다. 산맥론의 관점으로 보면, 산줄기는 반드시 이어지는 것이 아니라 끊어져 있을 수도 있다. 산줄기가 떨어져 있어도 그 성인이 동일하면 같은 줄기로 보는 것이다. 이런 산맥의 개념은 일상적인 삶의 경계와는 다를 수 있다.

두 분류 체계는 모두 논란의 요소를 가지고 있지만, 필요에 따라서 적절하게 구분해서 사용할 수 있다고 본다. 사람들의 삶을 지향하는 인문 지리 측면에서는 산경표의 체계가, 자연 현상의 과학적 이해를 지향하는 자연 지리 측면에서는 고토 분지로의 체계가 보다 적합할 것이다. 사실 두 체계의 논쟁에는 민족주의적 사고와 과학주의적 사고가 상충한다. 장안산 정상에 두 개의 서로 다른 분류 체계를 혼용해서 글귀를 새겨 놓음으로써 그것을 읽는 사람이 누구냐에 따라 글귀의 의미를 달리 받아들일 수밖에 없었을 것이다.

호남평야의 프런티어, 벽골제

가을이 깊어지는 길목에 김제의 지평선 축제를 보러 나들이를 하였다. 지평선이 보일락 말락 하는 호남평야의 심장부에서 축제가 한창이었다. 벽골제碧骨堤 제방 위에서는 사람들이 연을 날리고 있고, 제방 아래에는 농업 문화를 체험할 수 있는 행사장이 마련되어 있었다. 연을 사서 날려 보고, 짚으로 여치집도 만들어 보았다. 잠시 돌아 나와 보니 옆으로 멀리까지 길게 이어진 제방, 옛 선인들의 지혜가 눈에 들어왔다.

벽골제는 백제 시대에 호남평야의 한쪽 끝을 이루면서 민물을 가두어 두고 바닷물을 막아 주던 제방이다. 우리나라에서 가장 오래된 제방으로 『삼국사기』에도 기원후 330년에 축조되었다고 기록되어 있다. 벽골제는 우리나라 농업과 토목 공사의 발달사에 큰 축을 형성하고 있다. 약 3km에 이르는 긴 제방을 건축할 수 있는 토목 기술과 함께, 가두어 놓은 물을 논에 대어 농사짓는 농업 기술을 온전히 보여 준다. 지금은 초라

우리나라에서 가장 오래된 제방인 벽골제의 수문. 지속된 간척 공사로 말미암아 초라하게 기능이 축소되었지만 남아 있는 수문에서 찬란했던 과거의 위용을 엿볼 수 있다.

하게 원평천의 한쪽 물길을 막는 제방으로 그 기능이 축소되었지만, 5개 수문 중 현재까지 남아 있는 장생거長生渠와 경장거經藏渠의 위용은 찬란했던 과거를 여전히 웅변하고 있다.

   제방은 물을 가두어 두거나 물길을 만들어 줄 뿐 아니라, 밀려오는 물을 막기도 한다. 벽골제 또한 물을 가두어 농업용수를 공급하는 기능과 함께, 바닷물이 농지로 밀려오는 것을 막아 주는 기능을 담당하였다. 즉, 벽골제는 바닷가에 세워진 방파제防波堤이자 방조제防潮堤였다. 이 말은 벽골제가 백제 시대에는 호남평야의 서쪽 끝에 있었음을 의미한다. 제방을 쌓은 이후에 이루어진 간척으로 호남평야는 현재와 같이 서쪽으로 더욱 넓어져 갔다. 이 점은 전라도 사람들을 '갯땅쇠'라고 부른 데서도 미루어 짐작할 수 있다.

갯땅쇠는 갯벌을 농지로 개간하거나 간척하는 사람들을 이르는 말이다. '전라도 갯땅쇠'는 전라도 호남평야에 살면서 지속적으로 농지를 개간해 온 사람들이다. 그런 면에서 전라도 사람들은 우리나라의 프런티어frontiers라고 볼 수 있다. 호남평야는 이 프런티어가 만들어 낸 결과물이다. 저 멀리 보이는, 하늘과 맞닿은 긴 지평선이 전라도 사람들의 부단한 노력의 산물인 것이다.

소설가 조정래는 『아리랑』에서 호남평야를 우리 겨레의 가장 너른 '징게 맹경 외에밋들', 즉 '김제 만경 들녘'이라고 표현했다. 이 너른 들녘은 개척의 역사로 만들어졌다. 초기에는 생존을 위하여 만경강과 동진강의 상류에 있는 지류支流 주변을 조금씩 개간하였다. 토목 기술이 발달하면서 두 하천이 굽이굽이 사행蛇行하면서 만들어 낸 하도 주변의 배후습지背後濕地를 경지로 만들었고, 다시 썰물 때 속살을 드러내는 바닷가의 습지와 갯벌을 메우면서 호남평야의 지평을 넓혀 갔다. 한번 넓힌 땅은 주민들의 부지런함으로 촘촘히 사영私營하여 그 이용도를 높였다. 일제 강점기에는 친일 자본가들이 대규모 간척 공사를 통하여 간척지를 더욱 넓혀 수탈의 양을 늘렸고, 해방 후에는 식량 자급자족을 위하여 열심히 바다를 메워 농지를 만들었다. 벽골제는 이런 호남평야 역사의 뿌리다.

사람들이 연을 날리며 놀고 있는 벽골제를 이해함은 곧 호남평야를 이해함이요, 전라도 사람을 이해함이다. 다시 벽골제의 제방 위에 올라가 백제 시대 전라도 사람들의 삶을 되새겨 본다.

샤워를 하면서 네트워크를 생각하다

 늦더위에 여전히 열대야가 한창이라 잠 못 이루는 밤의 연속이다. 이 무더위에 운동이라도 할라치면 온몸은 금세 땀으로 범벅이 된다. 흐르는 땀을 주체할 수 없을 때는 샤워가 최고다. 시원한 물줄기에 몸을 맡기면 더위가 금세 사라진다. 솟구쳐 나오는 땀도 주춤한다. 시원한 물줄기를 몸에 뿌리면서 드는 생각이 있다. 날 시원하게 해 주는 이 물은 어디에서 어떻게 이곳까지 왔을까?
 우리 집에서 사용하는 물은 진안에 용담댐을 쌓고 금강으로 흘러가는 물줄기를 가로막아 만경강 수계인 전주로 흘려보낸 것이다. 이 물이 용담댐에서 전주로 오기까지는 지하에 매설되어 있는 상수도관을 통과 해야 한다. 이 상수도관의 지름은 용담댐에서 가장 크고, 우리 집 수도관을 타고 들어올 때 가장 작다. 어두운 수도관을 타고서 먼 거리를 밀려온 물은 상수도 정수장에서 잠시 머문다. 이곳에서 여과와 소독 처리를 반복하면서 우리가 마실 수 있는 물로 변신한다. 음용수로 승격된 수돗물은 시내 전체에 펼쳐진 상수도관으로 보내진다. 수돗물을 힘껏 공급하기 위하여 중간 중간에 가압 펌프장을 둔다. 이렇게 산전수전 다 겪으면서 아파트의 옥상에 있는 물탱크에 오른 물은 낙차를 이용하여 수압을 높여 각자의 가정으로 공급된다. 이런 방식으로 먼 상수원으로부터 우리 집까지 물 손님이 올 수 있는 것이다. 오늘도 크고 작은 상수도관을 통하여 긴 여행을 하고 온 수돗물이 나의 몸을 식혀 주고 있다.

상수도관은 네트워크network다. 네트워크는 선線으로 이어진 점들이다. 선을 통하여 두 지점 간의 이동이 이루어진다. 선들로 이어진 점들을 전체적으로 보면 면面인 그물망이다. 우리의 생활은 이런 그물망으로 되어 있다. 좀 더 심하게 표현하면, 우리는 그물망 속에 갇혀 있다. 그물망은 다양한 형식과 연결 정도를 가지고 있다. 때로는 촘촘히, 때로는 성기게 형성되어 있다. 그물망을 이루는 선은 굵은 것과 가는 것, 긴 것과 짧은 것, 위에 있는 것과 아래에 있는 것 등으로 구성되어 있다. 이렇듯 우리의 삶이 이루어지는 장場은 네트워크 판이다. 네트워크는 눈에 보이는 것과 보이지 않는 것, 지상에 있는 것과 지하에 있는 것, 움직이는 것과 움직이지 않는 것 등일 수도 있다. 이런 네트워크는 우리 생활 주변에서 쉽게 찾아볼 수 있다. 그 사례로는 휴대전화 기지국망, 전화선망, 전기 전선망, 하수도망, 고속도로망, 위성 전파망, 철도망, 시내버스 노선망, 인터넷망 등이 대표적이다.

네트워크는 경제 수준에 따라서 그 촘촘한 정도가 달리 나타난다. 산업이 발달할수록 네트워크는 더욱 다양하고 강하게 형성되어 있다. 잘 갖추어진 네트워크는 개인, 지역, 국가 간의 상호 작용을 보다 활발하게 만든다. 네트워크를 통하여 사람, 정보, 물류, 사상, 감정 등이 보다 빠르게, 보다 많이, 보다 정확하게 이동하고 있다. 그 안에 우리가 존재하고 있다. 지금도 네트워크는 우리의 삶을 에워싸고 있으며, 삶의 질을 보장하기 위하여 그 강도를 더해 가고 있다. 우리의 생활 가까이에 자리한 네트워크 현상을 보다 적극적으로 이해하는 것이 우리의 생활 환경을 새롭게 볼 수 있는 지름길이다.

부자 동네와 가난한 동네

저녁 식사를 하고 나서 아들과 함께 종종 아파트 주변을 산책하곤 한다. 아파트 주변의 작은 공터와 아파트 옆 주택 단지의 골목길을 재잘거리며 돌아 본다. 주변의 작은 텃밭에는 배추며 상추 등이 무성하게 자라 있다. 골목길을 돌아드니 아파트가 한눈에 들어온다. 아파트 건물들은 남쪽을 향하여 일제히 도열해 있다. 여느 아파트에 비해 별다를 것은 없다. 아파트의 남쪽 베란다는 그 집 주인의 성품을 알리기에 충분하다. 화분이 가지런히 정리되어 있는 집도 있고, 아무렇게나 잡동사니를 쌓아 두어 눈살을 찌푸리게 하는 집도 보인다. 베란다에는 알루미늄 새시로 만든 창이 붙어 있다. 저녁 산책길에는 베란다 창으로 새어 나오는 불빛의 너비를 견주어 그 집의 평수를 가늠해 보곤 한다.

아파트의 면적을 얘기하는 단위로 평수를 든다. 최근에는 미터법으로 바뀌어 제곱미터㎡를 사용하라고 하지만 아직도 평수가 익숙하다. 아파

베란다의 크기로 아파트의 면적을 가늠해 볼 수 있다. 아파트를 포함한 모든 주택은 면적에 따라 가격이 천차만별이며, 대개 그 가격에 따라 주택의 계급과 사회 계층이 형성된다.

트의 면적을 나타내는 평수로는 18평, 25평, 32평, 41평, 57평 등이 있다. 아파트의 전용 면적은 보통 우리가 부르는 평수보다 좁다. 아파트 평수는 주인이 전용으로 쓰는 면적(전용 면적)에 주차장, 공원, 도로 등 입주민이 공동으로 사용하는 면적(공유 면적)을 합한 것이기 때문이다. 아파트의 면적은 베란다 창의 너비를 통해서 미루어 짐작할 수 있다. 아파트 베란다 창의 너비는 보통 거실과 안방의 너비를 합한 크기이다. 이 크기는 아파트 전체 면적을 가늠하게 해 주고, 곧 아파트의 가격을 대충이나마 산정할 수 있게 해 준다. 아파트의 가격은 주택이 계급을 형성하는 데 결정적인 역할을 한다. 아파트를 포함한 모든 주택은 면적에 따라서 가격이 천차만별이다. 그 가격대에 따라서 주택의 계급이 존재한다. 우리나라 사람들이 특히 선호하는 아파트에도 계급이 있다. 넓은 평수는 높은 계급에 속하고, 좁은 평수는 낮은 계급에 속한다.

주택이 계급이 되는 것은 소유자의 소득과 밀접한 관련이 있어서이다. 높은 소득을 가진 사람들은 높은 주택 계급을 소유할 가능성이 크다. 그런데 소득은 교육 수준과도 관련이 깊다. 높은 교육 수준은 고소득 직업을 소유할 가능성을 높이고, 다시 이 직업은 높은 수입을 보장해 줄 가능성이 크다. 주택은 거주자의 소득, 교육 수준, 직업 변인과 밀접한 관계가 있어서 주택의 크기, 즉 주택 계급을 보면 사회 계층을 가늠할 수 있다. 또한 사회 계층이 비슷한 사람들은 서로 몰려 사는 경향이 있다. 소득, 직업, 학력 등이 결합하여 만들어진 사회 계층은 일정한 장소에 비슷한 주택 계급을 가지고 살고 싶어 한다. 그래서 지역에 따라서 사회 계층에 따른 주택 지역이 형성된다. 이런 원인으로 도시에서는 거주지 분리 현상이 나타나고, 계층 간의 차이가 심할수록 거주지 분리가 가속화된다.

IMF 시대, 금융 위기 이후 우리 사회에서는 사회 계층의 양극화가 매우 심화되고 있다. 이는 주택 계급의 양극화를 가져오고, 다시 거주지 분리 현상으로 표면화된다. 그리고 거주지의 주택 계급에 따라서 우리 사회의 보수와 진보, 개혁과 수구, 통일과 반통일 진영 등의 정치적 성향까지도 달라지고 있다. 자본주의 사회에서는 자유와 경쟁이라는 이름으로 높은 사회 계층의 사람들은 더 높고 넓은 아파트, 우아한 정원이 딸린 집, 언덕 위의 하얀 집 등이 있는 부자 동네로 모이고, 낮은 사회 계층의 사람들은 언덕 위의 판자촌, 슬래브 집 위의 옥탑방, 낮은 반지하방 등이 있는 달동네로 모여서 끼리끼리 살고 있다. 사회 계층의 양극화가 주택 계급의 양극화를, 그리고 주택 계급이 사회 계층의 양극화를 확대 심화시키고 있다. 우리 사회가 보다 건강하고 아름답기 위해서는 계층의 양극화 문제에 더욱 많은 관심을 가져야 한다. 이 관심이 복지 국가로 향하는 지름길이자 더불어 사는 사회로 가는 출발점이다.

이곳에서 저곳으로, 확산의 과정

　전북 지역에서 조류독감Avian Influenza, AI이 발생한 뒤로, 양계업을 하는 친구가 노심초사다. 양계장 반경 내에서 조류독감이 발생하지 않길 간절히 바랐다. 그러나 조류독감은 친구의 양계장을 피해 가지 않았고, 애지중지 키우던 닭들을 모두 땅에 묻고 말았다. 이렇게 전북에서 시작한 조류독감은 전남, 충남, 경기, 울산, 경북 등 전국으로 퍼져 나가 수백만 마리의 닭과 오리가 산 채로 땅에 묻혔다.

　조류독감은 새의 감기이다. 사람들이 감기에 걸리듯이 새들도 감기에 걸린다. 새나 사람이나 감기가 퍼지려면 감기를 옮기는 전파자와 그것을 받아들이는 수용자가 있어야 한다. 조류독감을 옮기는 전파자는 대체로 철새로 보고 있다. 시베리아의 혹한을 피해서 한반도를 거쳐 동남아시아로 이동한 철새들이 감기의 보균자가 되어서 다시 시베리아로 이동하는 중에 한반도에 들러 감기 바이러스를 전파한다. 철새들에게서

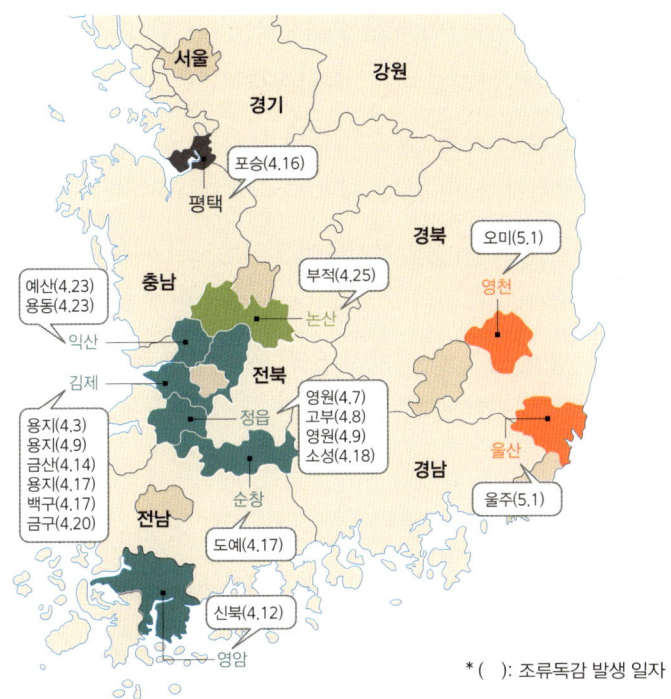

* ( ): 조류독감 발생 일자

고병원성 조류독감이 급속히 확산되는 과정을 보여 주는 조류독감 발생 현황도. 감염된 닭과 오리, 알, 바이러스를 묻힌 자동차 등의 이동은 순식간에 한반도 전체를 조류독감의 공포로 밀어 넣었다.

조류독감을 받아들인 오리나 닭은 치명상을 입고 만다. 그리고 그 감기를 집단 수용된 다른 닭과 오리에게 옮기고, 이곳에서 팔려 나간 닭과 오리와 그 알이 다른 지역의 닭과 오리를 감염시킨다. 특히 자동차에 묻은 바이러스는 더욱 빨리 다른 곳으로 이 무서운 새의 감기를 확산시킨다. 이렇게 하여 한반도 전체가 조류독감으로 초비상 사태를 겪었다.

어느 지역에서 발생한 요소가 다른 지역으로 퍼져 나가는 현상을 확산diffusion이라고 한다. 이 확산을 위해서는 새로운 요소의 발명자, 이를 전파하는 전파자 그리고 이를 받아들이는 수용자가 있어야 한다. 새로운 요소로는 혁신, 유행, 정보, 전염병 등이 있으며, 확산이 이루어지는 과정은 이전 확산, 전염 확산, 계층 확산 등으로 나뉜다. 조류독감을 보균하고 있는 철새들이 동남아시아에서 한반도로 이동하여 이루어진 확산은 이전 확산이다. 그리고 철새들이 조류독감을 퍼뜨린 지점인 전북 용지, 전남 영암, 경기 평택, 울산 울주, 경북 영천 등에서 다시 사람이나 자동차 등을 통하여 가까운 주변 지역으로 조류독감이 전염된다. 예를 들어, 전북 용지에서 발생한 조류독감은 주변의 금산, 백구, 금구, 영원, 고부로, 다시 익산 여산, 용동으로 퍼져 간다. 이것이 바로 전염 확산이다. 조류독감 발생 지역 주변의 닭과 오리를 모두 살처분하고 차량 등의 소독을 강화하는 것은 이러한 이유에서이다. 한편, 계층 확산은 계층성을 가지고 이루어지는 확산이다. 예를 들어 소녀 같은 여성스러움을 강조하는 일명 '걸코어Girlcore 패션'이 서울에서 유행하여 대전으로, 대전에서 주변 시골로 퍼지는 경우를 말한다.

 확산은 발명자와 거리가 가깝고 접촉 빈도가 높을수록 빠르게 이루어진다. 그리고 이 확산에는 시간도 영향을 준다. 새로운 요소를 받아들이는 확산 과정에는 시간적 규칙성이 존재한다. 초기에는 확산 정도가 낮지만 시간의 흐름과 함께 빠른 속도로 퍼져서 포화 상태에 이르게 된다. 조류독감과 같은 전염병의 확산을 조기에 막아야 하는 이유가 여기에 있다. 물론 확산에도 장애물이 존재한다. 확산을 방해하는 요인으로는 산, 강, 바다 같은 자연적인 장애물이 있고, 종교의 차이, 문화적 차이,

역사적 배경, 개인적 신념 등 인문적인 장애물이 있다. 이 장애물이 많을수록 확산은 차단될 수도 있으며 확산의 정도를 더디게 할 수도 있다.

우리 생활 주변에서는 다양한 요소들이 새로이 발명되고 발생하고 있다. 그 요소들이 지금 어느 과정을 통하여 확산되어 가는가를 눈여겨볼 필요가 있다. 원하지 않는 전염병이든, 새로 발명된 문명의 이기든 간에, 그 확산의 새로운 요소를 처음으로 받아들인 사람은 위험 부담과 사회적 그리고 개인적 비용을 지불하게 된다.

식문화의 혼종성

학교 앞 식당에서 학생들을 자주 만나곤 한다. 그들은 좁은 식탁에 가득 놓인 음식을 앞에 두고서 수다를 떨고 있다. 식탁에는 식전 빵, 파스타, 피자, 샐러드, 스테이크, 필라프, 피클 등이 푸짐하게 놓여 있다. 식탁 위의 맛깔난 음식들을 보기만 해도 먹음직스러워 보인다. 학생들은 이내 만반의 미소를 머금고 신나게 재잘거리면서 주문한 음식을 먹기 시작한다. 학생들의 이런 모습을 보면서 다양한 식문화에 대해서 생각해 본다.

식탁에서의 식문화는 문화 기반에 따라서 달라질 수 있다. 공동체 문화가 강한 지역에서는 식탁에 둘러앉아서 음식을 나눠 먹을 가능성이 높다. 예를 들어, 중국은 둥근 식탁 위에 음식을 가운데 두고서 함께 먹는다. 우리는 밥상에 둘러앉아 반찬을 함께 나눠 먹는다. 반찬, 찌개 등을 한 그릇에 두고서 함께 떠먹는다. 그래서 식탁의 크기는 보통 바닥이나 의자에 앉아서 손을 뻗어 젓가락으로 반찬이나 음식을 집을 수 있을 정도다. 반면에 개인주의 문화가 강한 지역은 같은 식탁에 앉아서 식사를 하지만 음식이 각자 따로 차려진다. 미리 음식을 각자의 그릇에 담아내며, 빵과 고기를 저마다 썰어서 먹는다. 음식 도구를 비교하면 공동체 식문화에서는 젓가락과 숟가락을 이용하고 이들의 길이가 긴 편이며, 개인주의 식문화에서는 포크와 나이프, 숟가락을 사용하고 길이가 상대적으로 짧은 편이다.

식문화는 기본적으로 '우리'와 '나'라는 차이를 가지고 있다. 우리를 중심으로 한 음식 문화는 공유共有, 나를 중심으로 한 음식 문화는 사유私有의 측면이 강하게 나타난다. 여기에는 쌀 문화와 빵, 고기의 문화 간 차이가 존재한다. 쌀은 모아 익혀서 밥이 되고, 밀과 고기는 한 덩어리로 익힌 후 자르거나 썰어서 음식이 된다. 밥에는 소금이나 조미료를 치지 않고 반찬이나 찌개를 통하여 보완하고, 빵과 고기는 음식에 직접 가미하여 먹는다. 전자는 반찬이나 찌개를 공유하는 반면, 후자는 조미의 정도를 개인화하여 사유한다. 이것이 곧 공유와 사유의 음식 문화다.

식당에서 만난 학생들은 저마다 주문한 음식이 달랐다. 얼마 후 식당 주인은 자연스럽게 주문한 음식들을 식탁 가운데 배열해 두었다. 학생들은 자기가 주문한 음식을 먼저 앞접시에 담아다 먹고, 다른 사람이 주문한 음식도 아주 익숙하게 자신의 앞접시로 가져와 먹었다. 각기 다른 음식을 주문하고 함께 공유하였다. 각자의 음식 주문에는 사유 방식의 식문화가, 함께 나누어 먹는 행위에는 공유 방식의 식문화가 있는 것이다. 신세대들은 나를 중심으로 한 개인주의적 삶을 지향하는 사유 식

식당에서 주문한 음식이 나온 모습. 각자 음식을 주문하지만 보통 함께 나누어서 먹는다.

문화와 우리를 중심으로 한 공동체주의적 삶을 지향하는 공유 식문화를 동시에 가지고 있다. 그들의 식문화는 자신의 개성을 존중하면서 함께라는 공유의 원형질을 지닌다. 즉, 신세대의 식문화는 혼종성을 가지고 있다. 신세대는 자기 자신을 나로 만드는 기본 성향을 존중하면서도 나를 우리로 만들어 변용하는 공동체 구성원으로서 탄력성을 지니고 있다. 그들은 식문화에서 혼종성을 바탕으로 '따로 또 같이' 살고 있다. 나도 이 세대의 식문화에서 지체되지 않으면서 함께 공존하며 살아갈 방도를 앞서서 실천해 보아야겠다.

식탁에서는 어느 자리에 앉을까?

　식당에 식사하러 간다. 보통 혼밥을 하기보다는 동행자와 함께 식사를 하게 된다. 누군가와 동행할 때는 식탁에서 어느 자리에 앉아야 할지 잠시 망설일 수 있다. 두 사람이 가면 보통 서로의 앞자리에 마주해서 앉는다. 연인 사이라면 서로의 옆자리에 앉는 것이 너무도 당연할 것이다. 하지만 우리가 식당에 가서 어느 식탁 자리에 앉느냐는 문화마다 다를 수 있다. 식탁의 자리 배치라고 볼 수 있는 문화가 존재하는 것이다. 외국 여행이 잦은 글로벌 시대를 살아가고 있기에 이러한 미시적 문화에도 섬세하게 관심을 보일 필요가 있다.
　우리와 가까운 나라, 타이완에는 외식 문화가 발달해 있다. 타이완의 식당에서는 친한 사람끼리 바로 옆자리에 앉는 문화가 있다. 친한 사람에게 자신의 곁을 내주는 행위이다. 우리는 식사할 때 보통 오른손이나 왼손으로 식사 도구를 이용하여 음식을 먹는다. 이렇게 팔을 이용하게 되면 필연적으로 팔꿈치는 내 몸의 반경을 벗어나기 마련이다. 타이완의 문화는 타인이 자신의 몸에 닿는 것을 큰 실례로 여긴다. 이런 문화를 가진 타이완에서 식사 중에 내 팔이 행여나 다른 사람의 몸에 닿으면 실례를 범하게 된다. 하지만 팔꿈치의 옆자리 공간을 공유할 만큼 친한 사이라면 몸에 조금 타인의 팔이 닿아도 큰 문제가 되지 않을 것이다. 그런 정도의 실례는 둘 사이의 친함으로 용서받을 수 있기 때문이다.

홍콩에도 식탁 문화가 있다. 바쁘기로 소문난 홍콩 사람들에게는 식당에서 기다리는 시간조차도 돈으로 여겨질 수 있다. 그것은 음식을 파는 식당 주인이나 음식을 기다리는 손님에게 모두 적용된다. 그래서 홍콩의 식당에서는 빈자리가 생기면 아무 자리에나 합석할 수 있다. 심지어 한 식탁에 앉아 있는 사람들 모두가 서로 모르는 사람일 수 있다. 이런 식탁 문화는 식당 주인에게는 빠른 자리 회전을, 손님에게는 기다림의 시간을 줄여 주어서 주인과 손님 모두가 상호 만족할 수 있다. 서로의 이익을 위하여 손님은 잠시의 낯섦을 기꺼이 견디는 문화라고 볼 수 있다. 홍콩의 자릿세가 비싸니 홍콩 사람들은 스스로 식탁 문화를 만들어 상호 이익을 도모하는 행위를 실행하고 있다.

유럽의 프랑스에도 식탁의 자리 문화가 있다. 자리 배치에서 주인의 오른편에 주빈이나 최고 연장자가 앉은 후 남녀가 번갈아 가면서 앉는다. 한 가족은 식탁의 자리에 연이어서 나란히 앉지 않는다. 식당에서 종업원으로부터 자리 배치를 안내받으면, 곧바로 자리에 앉지 않고 주빈이 자리에 앉은 후에 앉는 여유를 가진다. 자리에 앉을 때는 식탁의 왼쪽 의자에 먼저 앉고, 식탁과의 거리가 너무 떨어지지 않게 앉으며, 의자의 등받이에 기대지 않는다.

  이처럼 사람들은 자리에 관한 나름의 질서를 가짐으로써 상호 간의 존중을 꾀하고 있다. 하지만 이런 문화로 지배 권력을 유지하거나 강화하려 들어서는 안 된다. 그래도 기왕 다양한 식탁 문화가 있음을 알았으니, 타이완을 여행할 때는 식당에 앉은 사람들을 통해서 친소 정도를 상상해 보고, 홍콩을 여행할 때는 식당 앞에 빠르게 줄을 서서 식탁의 한자리를 차지해 보길 바란다. 그렇지만 파리를 여행하면서는 식당의 자리 문화에 너무 주눅 들지 말고 나름의 예를 갖추면서 맛있는 식사를 하기를 권한다. 오늘은 나도 어느 자리에 앉아서 밥을 먹을까 생각해 본다.

너와 내가 걷는 길은 같은 길? 다른 길?

가끔 아내와 함께 백화점에 간다. 주로 아내의 필요에 의해서이다. 백화점에는 슈퍼마켓부터 영화관, 문화센터까지 다양한 점포와 시설들이 있다. 아내는 신나게 쇼핑을 하고, 나는 아내의 지시에 따라 물건을 들거나 한걸음 뒤에서 종종걸음으로 따라가는 일이 많다. 시간이 지나도 아내는 지친 기색이 없이 생생하게 백화점 점포를 도는 반면, 나는 이내 곧 지루해지기 일쑤다. 아내에게 로비의 의자에 앉아서 기다리겠다고 말이라도 건네면, '얼마나 다녔다고 벌써 그러냐!'고 핀잔을 듣기도 한다. 백화점에서 아내와 나는 분명히 같지만 다른 길을 걷는다.

나에게는 백화점이 다리 아프고 힘든 곳인 반면, 아내에게는 쇼핑의 욕구를 채워 주는 신나고 재미있는 곳이다. 나는 필요한 물건만을 사서 쇼핑 시간을 줄이려고 하지만, 아내는 필요한 물건을 다 사고도 다음 쇼핑을 준비라도 하듯 진열된 물건을 둘러보는 아이쇼핑까지 한다. 당연

아내에게 백화점은 쇼핑의 욕구를 채워 주는 신명 나는 곳인 반면, 나에게 백화점은 아내의 필요에 의해서 가야 하는 지루한 곳이다.

히 백화점에서 함께 쇼핑을 하더라도 우리 둘은 서로 다른 거리를 걷게 된다. 즉, 우리가 걷는 물리적 거리는 같더라도 아내는 그 거리를 매우 짧게 느낄 것이고, 나는 매우 길게 느낀다. 서로 심리적 거리가 다른 것이다. 백화점 쇼핑 시 나의 심리적 거리는 실제 거리보다 2배나 긴 반면, 아내는 그 절반도 되지 않을 수 있다.

백화점의 물리적 건물이나 상점 등은 아내와 나에게 모두 똑같은 객관적 대상이나 이를 바라보는 관점은 서로 다르다. 그렇기에 객관적 대상에 대한 행태가 달라진다. 아내와 내가 똑같은 대상을 보고서도 서로 다른 행태를 보이는 것은 각자의 감각 기관을 통해서 외부의 사물을 의식하는 과정인 지각知覺이 다르기 때문이다. 사람들은 저마다의 과거 경험, 문화, 관심과 흥미, 의미 부여 등을 바탕으로, 때론 이 요소들이 복합적으로 상호 작용하여 지각을 한다. 그렇기 때문에 사람들은 같은 대상에 대해서 상반된 생각이나 관점을 가질 수 있다. 나에게 백화점이 따분한 곳인 반면 아내에게는 신명 나는 곳이 되는 것도, 백화점 안에서의 쇼핑 행태를 다르게 만든 것도 이와 같은 이치이다.

우리는 일상생활을 하면서 각자 마음의 조건에 따라 서로 다르게 느끼고 행동한다. 모든 사람들은 저마다의 주관적 인식 체계를 가지고 있으며, 그것을 바탕으로 현상들을 바라보고 해석하고 행동하기 때문이다. 그래서 사람들은 어느 것에 대한 선호의 정도나 거리에 대한 느낌도 서로 다르고 심지어 환경 재해나 위험 요소 등에 대해서도 다른 반응을 보이게 된다. 예를 들어, 등산을 할 때 중간 지점에서 만난 사람들이 하는 말에 차이가 있다. 내려가는 사람은 '다 왔다!'라고 말하지만, 올라가는 사람은 '아직도 멀었어!'라고 말하는 것을 자주 본다. 각자의 입장과 처지에 따라서 서로 다른 마음의 거리, 즉 심리적 거리psychic distance를 가지고 있기 때문이다.

우리는 많은 사람들과 함께 살아가고 있다. 그들은 각자의 주관적 가치 체계를 가지고 사는 주체적 존재이자 실존적 존재라고 볼 수 있다. 우리 모두가 서로 다른 지각 체계를 가지고 살아가는 존재임을, 즉 사회의 구성원이 서로 다름을 인정하는 데서부터 시작할 때 우리 사회를 제대로 볼 수 있는 안목을 갖출 수 있다.

집을 찾는 두 가지 방법

　학교 연구실로 하루에도 대여섯 통의 우편물이 배달된다. 그중 대부분은 원치 않는 우편물들이다. 불필요한 안내 팸플릿이 들어 있거나 이름도 들어 보지 못한 단체들이 기부를 강요하는 안내물인 경우도 많다. 하지만 나를 하루 종일 기분 좋게 하는 기쁜 편지도 온다. 나에게 배달된 우편물은 그 종류나 나와의 상관도에 따라서 분류되어 어느 것은 분리수거 쓰레기통으로, 어느 것은 나의 서랍 속으로 보내진다. 나에게 기쁨을 주는 편지든 짜증을 주는 광고물이든 겉면에는 정확하게 나의 주소가 적혀 있다. 그 주소는 한 치도 틀림이 없고, 우편 번호도 정확하다. 우표도 붙어 있다. 그런데 나에게 배달되는 편지의 주소는 두 종류가 있다. 하나는 '전북 전주시 완산구 동서학동 128번지', 다른 하나는 '전북 전주시 완산구 서학로 50'이다. 우편 번호는 공히 '55101'이다. 어느 주소를 쓰든 간에 편지는 나에게 배달된다.

두 통의 편지 모두 나에게 배달되어 오지만 적혀 있는 주소의 체계는 다르다.

두 주소는 서로 다른 체계를 가지고 있다. 전자는 오래 전부터 사용해 오던 것으로 일본식 주소 표기이다. 이것은 모든 지리적 현상, 즉 건물이나 토지 등에 고유 번호를 부여할 때 형성 시기를 중심으로 한 체계이다. 즉, 건물이 지어진 순서대로 고유 번호를 부여하는 방식이다. 그 동네에서 처음으로 지어진 건물이 1번지가 되고, 나중으로 갈수록 그 번호는 하나씩 커진다. 이런 방식은 건물의 역사성을 중시하는 사고를 반영한 것이다. 아마도 동양 문화가 장유長幼의 순서를 중요시하듯 건물 역시 건축 시기를 중요시한 방식으로 보인다. 오랜 전통이 있는 마을에서는 그 마을의 어른들이 각 집의 번지를 정확히 알고 있기 때문에 건물의 번지수를 아는 것이 그리 어렵지 않다. 그만큼 단순하고 이동이 적은 사회에서는 장점을 가진 주소 체계라고 볼 수 있다. 그러나 건물의 번호가 위치 순서대로 부여되지 않음으로써 다른 동네 사람들이 그곳에서 집을 찾기란 매우 어려운 일이다.

반면에 최근에 부여된 주소 표기는 건물의 건축 순서보다는 공간적 배열을 중시하는 주소 체계이다. 이것은 도로망을 중심으로 해서 그 도로에 이름을 부여하고 그 도로가 시작되는 지점에서부터 배열된 위치대로 지번을 부여하는 방식이다. 서양식 공간 배치를 토대로 이루어진 주소 체계로서 그 지역에 살지 않는 사람들도 쉽게 집을 찾아갈 수 있다. 이는 공간상에서 건물의 위치를 접근하는 순서대로 배열함으로써 보다 빠른 위치 인식을 가능하게 해 준다. 도로가 시작되는 시점에서 가장 가까운 집이 1번지가 되고 그 옆집이나 도로 건너편의 집이 2번지가 된다. 이런 주소 체계는 건축물의 건축 시기를 몰라도 건물의 배치 순서만 보면 집을 찾을 수 있다. 특히 도시 계획이 잘 이루어진 곳에서는 매우 편리한 방식이지만, 미로형의 가로망을 가진 지역에서는 그 순서를 정하기 어려운 점이 있다.

건축 시기 중심의 주소 체계는 정적이며 전통적인 동질 사회에 적합하다. 이 체계에서는 마을 이름만 알면 '번지 없는 주막'도 찾아갈 수 있다. 주민 중심의 주소 체계이며 편지의 배달 시 우체부의 경험과 직관이 중시된다. 반면 도로 중심의 주소는 타자 중심의 주소 체계다. 이것은 주소가 곧 지리 정보 체계가 된다. 기준점인 도로의 위치만 알면 쉽게 집을 찾을 수 있다. 편지의 배달은 우체부의 경험과 함께 지역 체계에 대한 이해가 필수적이다. 아직도 과거 체계가 익숙한 관계로 새로운 주소 체계가 적힌 편지를 받으면 남의 옷을 입은 느낌이 든다. 하지만 주소가 과학이 되기 위해서는 도로 중심의 주소 체계를 써야 한다.

객리단 거리의 젠트리피케이션

　전주시에는 객리단길이 있고, 전국적으로는 경주에 황리단길, 수원에 행리단길, 광주에 동리단길, 대구에 봉리단길, 인천에 평리단길 등이 있다. 이런 길의 원조는 서울의 경리단길이다. 경리단길은 서울의 국군재정관리단 정문에서 그랜드하얏트 호텔로 이어지는 길과 그 주변 골목길을 말한다. 이 길의 어원은 현재 국군재정관리단의 과거 이름인 육군중앙경리단에서 연유하였다. 서울의 경리단길이 유명하니, 전국에 유사한 ~리단길이 만들어졌다. 전주의 객리단길은 구도심에 위치한 객사客舍에서 전주천 주변에 이르는 골목길을 일컫는다. 이름은 객사의 '객'자와 경리단의 '리단'을 차용해서 붙여졌다. 서울의 경리단길이 랜드마크인 건물을 중심으로 이름이 붙여졌다면, 지역에서는 장소명, 특히 행정구역명이나 거리명을 중심으로 이름을 붙이는 경향을 가지고 있다.
　나는 전주의 객리단길을 수시로 걷는다. 서울의 경리단길이 그렇듯,

전주시 객리단 거리의 가게들. 이 거리에는 카페, 음식점, 술집, 공방 등이 들어서 있다.

이 길에도 크고 작은 카페, 식당, 술집, 공방, 소품점 등이 즐비하게 들어서 있다. 가게들의 규모는 크지 않은 편이며 개성이 넘치고 복고풍의 가게들이 주를 이루고 있다. 이곳을 찾는 사람들은 주로 젊은 층이다. 전국의 '~리단길'에서는 젊은이들이 자신들의 개성을 즐기고 젊음을 발산하면서 맛있는 음식을 먹는다. 젊은이들은 저마다 거리를 걷고 가게를 방문하면서 인생 사진을 찍기도 한다.

구도심의 거리가 젊은이들이 찾아오는 거리로 변하게 된 것은 젠트리피케이션gentrification의 결과이다. 자본을 가진 개인들이 구도심으로 와서 거리를 개발하여 변화시키는 과정의 소산이다. 구도심 거리의 상가 건물은 임대료가 낮고, 소자본의 창업주들이 자영업을 하기에 좋다. 기존의 허름한 창고, 주택, 가게 등의 건물들을 리모델링하여 건축비를 줄이고, 기존의 건축물 구조를 그대로 노출시키거나 활용하여 인테리어

전주시 객리단 거리는 기존의 건물들을 재생하여 다양한 용도로 사용하고 있다.

비용도 절감할 수 있는 기회의 땅이다. 소자본 창업주들의 헌신과 투자로 삭막하고 낙후된 구도심을 재개발하여 거리마다 활기를 되찾았다. 이런 리단길은 시간의 흐름과 함께 공간의 확장을 이어가는 경향을 보인다. 리단길의 골목길이 흥하니 건물주가 임대료를 올린다. 소규모 자영업자들이 비싼 임대료를 감당하지 못하면 임대료가 싼 곳으로 이사를 하여 다시금 길거리의 길이를 수평적으로 확장시켜 준다. 이곳에서 밀리니 또 다른 곳으로 가서 개업을 하는 형국이다. 상대적으로 자본의 약자들이 거리를 흥하게 하고 그 흥함으로 인하여 그들이 내몰리는 모순을 지닌 곳이다.

젠트리피케이션으로 과거 구도심의 평범한 거리와 골목들은 자기의 취향을 찾는 젊은이들의 입소문을 타고 사람들이 모이는 장소가 되었다. 젊은이들은 리단길에서의 경험을 사회관계망인 사이버 공간으로 가져와서 자기만의 공간 경험을 만들어 간다. 사이버 공간에서 자신들이 리단길에서의 경험과 취향을 축적하고 공유해 간다. 리단길의 장소에서는 소비 주체로서 활동을 하고 사이버 공간에서는 자기 공간의 생산 주체로서 변신한다. 그리고 사이버 공간에서 생산 주체로서 활동하기 위하여 리단길의 장소에서 만난 경관을 배경 삼아 멋지게 사진을 찍어 콘텐츠를 풍요롭게 만들어 간다. 이것은 곧 젊은이들을 장소의 소비자에서 공간의 소유자로 전환하도록 해 준다. 그 과정에서 자본가와 임대자의 계층 차이, 불평등 문제, 둥지를 내몰린 원주민 등도 바라볼 수 있기를 기대한다.

제4장
지형 경관

구하도에 사람이 모인다

봄이 완연해지면서 주변 산야의 무성한 초록이 어디론가 떠나고 싶게 만든다. 하지만 일상을 떨치고 길을 나서기는 만만치 않다. 그래도 마음 먹기 나름이라, 가까운 곳으로 봄을 핑계 삼아 외출을 감행했다. 목적지는 자주 가는 곳 중의 하나인 임실 사선대四仙臺 유원지다. 전주에서 멀지 않은 이곳은 말 그대로 선녀 넷이 아름다운 경치에 반해 내려와 놀았다는 전설을 담고 있다. 물가에는 매운탕을 파는 음식점이 즐비하다. 한 식당에서 밥을 먹고 호수 주변을 산책하였다. 식당가 쪽은 낮은 평지이고, 건너편에는 급경사의 절벽이 있다. 옛사람들은 그 절벽 위에 정자를 짓고 전설을 만들어 이 지형에 의미를 부여했다. 오늘날 사람들은 옛사람들이 만든 전설을 상업화하여 이윤을 추구하고 있다.

원래 이 호수는 섬진강으로 흘러드는 오수천의 지류가 S자 모양으로 굽이굽이 돌아가던 물길이었다. 그러나 오수천을 직강 공사하면서 직선

전북특별자치도 임실군 사선대 유원지의 호수. 하천의 직강 공사로 인해 물길이 막혀 호수가 된 구하도이다.

으로 쭉 뻗은 새 물길이 생겼고, S자로 굽은 물길은 양끝이 막혀서 흐름이 멈추고 말았다. 이 호수가 있는 자리가 흔적으로 남은 옛 물길, 즉 구하도舊河道다.

원래 이러한 물길이 만들어진 원인과 형태를 한꺼번에 표현한 말이 감입곡류嵌入曲流이다. 깊이 파 들어가면서 굽이도는 하천이라는 뜻이다. 하천은 S자 모양으로 굽어 흘러가면서 지형을 변화시킨다. 가장 큰 활동은 깎는 활동과 깎인 물질을 쌓는 활동이다. 깎는 활동을 침식 작용이라 하고, 쌓는 활동을 퇴적 작용이라 한다. 공격 사면에서는 지형을 깎아 내기 때문에 절벽을 이루고, 깎인 모래와 자갈은 그 반대편에 쌓여 퇴적 사면이 된다. 그 단면을 보면 공격 사면 쪽은 급경사를, 퇴적 사면 쪽은 완경사를 이룬다. 이런 감입곡류 하천이 만들어진 근본적 원인은 한반도에서 신생대 3기에 있었던 조산 운동이다. 융기는 하천의 상승을 가져오고, 하천은 다시 원래의 위치로 돌아가고자 한다. 그 과정에서 하천은 아래를 깎아 깊이를 더하는데, 이를 하방 침식이라고 한다.

이러한 침식 작용과 퇴적 작용이 활발한 하천은 사람들의 이목을 붙잡기에 충분하다. 깊은 물과 깎아지른 절벽을 만들어 내고, 한 굽이 돌면 모래사장이나 자갈밭이 펼쳐져 있어서 자연 경관이 매우 빼어나기 때문이다. 사람들은 이런 곳에 의미를 부여하며 찾아오고, 아름다운 자연 경관은 상춘객들의 눈을 즐겁게 해 준다. 모름지기 이런 곳에 음식점이 들어서는 것은 당연한 상술이다.

그러나 인간의 욕심은 끝이 없다. 이곳 호수를 보기 위해 사람들이 오건만, 상인들은 호수면의 일부를 메워서 식당 공간을 넓히고 있다. 순간의 이익에 얽매여 오히려 사람들이 와야 할 이유를 없애고 있는 것이다. 애석한 일이다. 게다가 물의 흐름이 없으니 백사장마저 없어지고 말았다. 결국 모래 몇 트럭 사다가 강가에 까는 것으로 겨우 명맥을 유지하고 있다. 게다가 자치 단체장은 지형에 어울리지 않는 전시용 정자를 더욱 크게 짓고 사선문을 세웠다. 자연에 순화되지 못한 그 모습은 낯설기 그지없다. 주변과의 조화는 꾀하지 않고 자신의 치적만을 앞세운 꼴이다. 사선대 주변에서 매운탕 한 그릇 먹으면서 이런저런 생각을 해 본다.

물돌이의 힘: 진안 천반산의 감입곡류

바람과 함께 진안고원으로 가곤 한다. 그곳의 이름은 천반산 죽도竹島다. 죽도 초입의 고갯마루 능선에서 산 아래 금강을 내려다본다. 강물은 깊은 계곡 아래에 자리하고서 굽이굽이 산을 돌아간다. 산이 높으니 하천은 더 깊게 몸을 낮추어 흐른다. 산을 돌며 유유히 흐르고, 때로는 산을 거세게 휘도는 강줄기를 바라보는 것만으로도 눈이 시원하다.

금강 상류의 구량천 물길이 천반산 자락의 산등성이를 휘감아 돌며 맞은편 산을 깎고 있다. 이처럼 강물이 깎는 공격 사면에는 절벽이 형성되고 그 아래는 상대적으로 수심이 깊다. 반면 이 강물에 깎인 모래, 자갈, 바위 등의 물질은 반대편 강가에 쌓이고 있다. 이 퇴적 사면은 경사가 완만하고 모래와 자갈 등이 퇴적되면서 모래톱이 만들어진다. 강가의 모래톱은 사람들이 찾아와 놀기 좋다.

한편 모래톱이 형성된 곳에서 능선 쪽으로 가면서 계단 모양의 땅을

전북특별자치도 진안군 천반산 감입곡류 하천의 모습(위)과 설명도(아래). 산을 휘감아 도는 물줄기로 인해 멋진 경관이 연출된다. 곡류하는 하천의 오른쪽에 보이는 봉우리가 죽도다.

볼 수 있는데 이를 단구段丘라고 한다. 지반의 융기 후 하방 침식으로 하천 바닥이 점점 낮아지면서 생긴 지형이다. 산간 지역에서는 이 계단상 땅을 일구어 농사를 짓기도 한다. 단구의 좁은 땅에 계단식 논을 만들어 벼농사를, 과수원을 만들어 과수농업을 한다.

하천의 물은 굽이굽이 돌아서 산을 깎고 다시 휘돌아서 흐른다. 천반산 주변처럼 산을 굽이굽이 돌며 흐르는 하천을 감입곡류 하천이라고 한다. 중생대 쥐라기 말에서 백악기로 넘어가는 시기에 한반도에서는 거대한 융기 운동과 습곡 작용이 일어났다. 이러한 지각변동으로 여러 산맥이 만들어졌다. 이들 산맥에서 발원한 하천은 하천의 원래 고도로 복귀하고자 하상 복원력을 발휘하여 낮은 곳으로 파고들었다. 곡류의 회전력으로 하천의 측면, 바닥 그리고 상류를 깎고 또 깎아서 자신만이 가진 산세와 절경을 만들어 놓았다. 대표적으로 한강, 낙동강, 금강 등에서 아름답게 곡류하는 하천 모습을 볼 수 있다.

산을 휘감아 돌며 흐르는 강이 연출해 낸 멋진 경관은 사람들을 불러들인다. 구량천과 금강 사이의 죽도도 그렇다. 구량천 물돌이의 강한 힘은 금강과 거의 맞닿는 좁은 목을 형성하였다. 한 뼘의 농지라도 더 얻고 싶었던 농부가 이 좁은 목의 수직 절벽을 인위적으로 잘라서 물길을 변경하였고, 그렇게 해서 죽도는 말 그대로 섬이 되었다. 물이 흐르던 하도 주변의 땅을 개간하여 논배미를 얻고자 했지만, 이제 농업의 시대를 지났기에 그 쓸모가 적어졌다. 그래도 인공적으로 만들어진 죽도폭포와 하천이 연출해 낸 멋진 경관은 관광의 대상이 되어서 사람들을 이곳으로 부르고 있다.

지금 금강 상류의 강줄기에 놓인 천반산과 죽도의 곡류를 내려다본다. 그 강의 허리춤에 서서 산과 물줄기를 바꾸어 놓은 강한 힘을 본다. 그곳의 강한 힘으로 죽도에서 조선 시대의 엄혹한 신분제 세상을 타파하고 너무 일찍 대동사상을 꿈꾸고 펼친 정여립의 못다한 사상을 만나기도 한다. 지금 우리 사회는 자본이 지배하는 사회이지만 이곳 죽도에서 그가 꿈꾸던 대동 세상을 기억해 본다.

순천만 갯벌에서 지속 가능한 세상을 본다

　여름의 무더위가 아직도 기승을 부리는 개강 첫 주에는 어김없이 학과 정기 답사를 떠난다. 이번 답사 지역은 전남 일대로, 그 경로는 전남 강진을 지나 순천으로, 다시 화순과 담양을 거쳐서 전주로 돌아오는 일정이다. 2박 3일의 답사 일정에 많은 학생들이 참여하는지라 좀 어려움이 있기는 하지만, 싸돌아다님의 본능에 충실한 것만으로도 답사는 충분히 매력적이다. 이번 답사 지역 중 특히 순천만 갯벌은 우리의 시선을 잡기에 충분했다.
　여름의 순천만은 아름답기 그지없는 풍광을 지니고 있다. 이곳은 순천만의 자랑이자 상징인 갈대밭이 짙은 녹음으로 빛나며 바람에 하늘거리고 있고, 회색빛 갯벌, 작열하는 태양과 그 하늘을 담고 있는 갯골의 물줄기, 갈대밭 저편 바닷물과 맞닿은 염생 식물대, 주변의 간척지 논 등으로 채워져 있다. 갈대밭과 갯골이 닿은 곳에는 횟집이 드문드문 자리

전라남도 순천시 순천만 갯벌의 갈대밭과 그 사이 염생 식물대. 갯벌의 습지는 홍수 조절 기능과 환경 정화 기능을 한다.

를 잡았고, 갈대밭 위로는 나무로 만든 산책로가 펼쳐져 있다. 굽은 듯 곧고, 곧은 듯 굽은 길이 사람들의 발길을 인도한다. 갈대밭 아래 갯벌에는 그곳의 오랜 주인인 게들이 구멍을 파 놓았다. 더운 여름 땡볕을 맛보려 나온 게 몇 마리가 인기척에 화들짝 놀라 자신의 게 구멍으로 사라진다. 이렇듯 갯벌은 생명으로 가득하다.

대대포구에서 1.3km의 갈대숲 탐방로를 지나 산으로 1km를 더 오르니 용산 전망대가 있다. 전망대에서는 순천만 내륙에서 바닷가까지의 경관을 한눈에 볼 수 있다. 간척지, 갈대숲, 염생 습지대, 갯벌 순으로 그 색을 달리하면서 분포하고 있다. 그중에서도 갈대숲이 장관이다. 갯골을 사이에 두고 펼쳐진 푸른 갈대숲이 길게 그리고 원형으로 다양한 모

가을 순천만 갈대숲을 가로지르는 나무 산책로. 갈대숲은 철새들에게 풍부한 먹이와 은신처를 제공해 준다.

양을 하고 있다. 그 사이에 칠면초로 구성된 염생 식물대가 형성되어 있다. 칠면초는 염기 성분이 많은 곳에서 잘 자라는 식물로서 바닷가 식생의 최전선을 형성한다.

  갯벌의 생태계는 다양한 가치가 있다. 갯벌은 단위 면적당 생산성에서 논보다 30배나 높은 경제적 가치를 지닌다. 또한 갯벌의 습지는 홍수 조절 기능과 환경 정화 기능을 한다. 넓은 갯벌은 물을 담을 수 있는 공간을 제공하여 홍수를 조절해 주고, 그곳에 자라는 갈대 등이 육지에서 내려온 질소와 인을 빨아들여 바다의 부영양화를 방지한다. 갯벌은 철새들의 서식처를 제공해 주기도 하는데, 이곳 순천만은 시베리아에서 남쪽으로 날아가는 겨울 철새의 쉼터를 제공한다. 갯벌과 갈대숲은 철새들에게 풍부한 먹이와 은신처를 제공할 뿐만 아니라 생물 종의 다양성을 유지할 수 있게 해 준다. 수많은 미생물에서 조류에 이르기까지 다양한 생명체가 어울려서 먹이 사슬을 형성하며 사는 공간이 갯벌이다.

순천만은 이런 가치를 지닌 곳이다. 그러나 이곳이 오늘날과 같은 안정된 경관을 갖추기까지는 주변 농어민과 철새와의 갈등 등으로 우여곡절이 많았다. 농민들은 철새들 때문에 농업에 지장을 받자 갈대숲에 불을 질러 철새의 서식 공간을 없애 버리기도 했다. 그러나 순천만은 자연과 인간의 공존이 서로의 작은 양보로 이루어지고, 뜻있는 사람들의 노력으로 자연 생태계를 보존할 수 있음을 보여 준 공간이다. 자연을 살리려는 시민 단체들의 노력과 지역 주민의 경제적 손실을 일부 보전해 주는 지방 정부의 정책 그리고 이를 기꺼이 수용한 주민들의 의지가 오늘날의 순천만을 빚어 냈다. 그래서 자연과 불화를 일으키는 곳마다 이곳을 찾아와 그 해결책을 찾길 바란다. 아마도 이런 문제의 가장 궁극적인 해결책은 문화유산과 자연환경 자산을 보전하기 위해 국민이 재산이나 돈을 국민과 미래 세대를 위해 신탁하는 사회 운동인 국민 신탁 제도일 것이다.

지형의 과거를 담은 지문, 고위 평탄면

요즘 자동차를 운전할 일이 많아졌다. 운전을 하다 보면 오르막길을 갈 때가 있는데, 특히 해발 고도가 높은 곳을 올라갈 경우에는 보통 도로가 지그재그로 되어 있다. 그 꼬불꼬불한 길을 올라가려면 핸들을 좌우로 번갈아 돌려 대야 한다. 몸은 반사적으로 핸들을 돌리는 방향으로 쏠린다. 차가 힘을 내도록 가속기를 밟는다. 이렇게 한참을 올라가면 비교적 넓고 평평한 땅이 나타나곤 하는데, 경기도 성남시의 남한산성이 자리한 곳이 이런 경우에 해당한다.

남한산성으로 봄나들이를 갔다. 봄날은 온몸이 나른해질 정도로 따사로웠다. 성남으로 들어가는 초입에 늘어서 있는 비닐하우스 화원에는 각종 꽃들이 봄을 맞이하고 있었다. 화원 앞마당에 핀 큰 철쭉을 곁눈질하면서 남한산성 입구로 향하는 고갯길을 올라갔다. 고갯길을 돌고 돌아 매표소를 통과하니 그 옛날의 위용을 간직한 산성과 남문이 눈에 들

남한산성 안내도. 바깥쪽은 급경사이고 안쪽으로는 완만한 평지를 이루고 있어, 산성의 입지로는 최적의 장소라는 것을 알 수 있다.

어왔다. 그냥 보기에도 가파른 절벽이고, 산성 위에서 내려다보면 사방이 한눈에 들어올 듯하다. 오래전 이 성벽을 타고 오르던 외적들을 온몸으로 물리치던 선조들의 모습이 눈에 선하였다. 다시 길을 재촉하니 산중의 평원이 나타났다. 소위 말하는 '고위 평탄면'이다. 고위 평탄면은 '높은 곳에 위치한 평지'라는 의미인데 이것을 학술 용어로 사용한 사람은 고故 김상호 교수다.

고위 평탄면은 아주 오래된 한반도 땅의 역사, 즉 지사地史를 담고 있다. 이 지형은 신생대 3기 중엽 이전에 형성되었고, 한반도가 융기가 된 이후에도 그 이전의 땅인 고지형古地形을 오늘날까지 고스란히 간직하고 있는 유전적 지형이다. 한반도가 융기된 후 융기 이전에 형성된 평탄면이 남아 있는 상태에서 주변 지역들이 세월의 풍상에 풍화·침식되어 오늘날 상대적으로 높고 평평한 지형을 형성하게 되었다. 이런 고위 평탄면은 한반도의 융기 축인 태백산맥을 중심으로 만들어진 것으로, 중부 지방의 산지에서 많이 나타난다. 대관령 지역이 그 대표적인 예이다.

지형은 과거의 지문指紋을 간직하고 있다. 그 지문을 보는 일차적인 방법은 형태다. 지형도를 통해서 그 형태를 살펴보고 다시 발걸음, 즉 답사를 통하여 확인한다. 이렇게 찾아낸 지형의 지문이 가지는 의미와 원인을 해석해 내고 추론해 내는 것이 지리학의 매력이다. 고위 평탄면은 이러한 매력을 담고 있는 지형이라 할 수 있다.

고위 평탄면은 시대의 변화에 따라서 그 용도가 달라진다. 바깥쪽은 주변 지형보다 상대적으로 높아 깎아지른 듯한 절벽을 갖추고 안쪽은 평지를 형성하고 있는 경우, 산성의 입지로 안성맞춤이다. 안쪽 평지는 물을 얻고 농사를 지을 수 있어 많은 사람들을 수용한다. 분수계를 따라 축성한 산성은 도성이나 읍성의 외성으로 활용하는 등 방어의 목적으로 사용되었다. 그러나 장기간 전투 시에는 고립을 자초하여 스스로 문을 열어 주기도 했다. 고속 도로가 놓인 후에는 고위 평탄면에 원교 농업의 형태인 고랭지 농업이 발달하였다. 배추밭과 무밭 등 밭농사를 짓는 땅으로 변화하였다. 최근에는 레저 산업이 발달하면서 스키장 등 관광지로도 활용되고 있다. 지형의 경사면을 이용하여 적은 비용으로 스키장 등 레저 시설을 건설할 수 있기 때문이다. 지형은 그 나름의 지문을 가지고 있으면서 시대에 따라서 그 용도가 달라진다.

마이산탑으로 되살아난 마이산의 풍화혈

 내가 살고 있는 곳과 가까운 진안에는 나의 후배이자 벗인 이상훈 선생이 산다. 그래서 나는 진안을 괜스레 좋아한다. 여름의 끝자락이자 가을로 가는 길목에 그를 만나러 진안으로 향했다. 진안에서 교직 생활을 하며 진안문화원 부원장인 그는 민속 연구와 글쓰기 등 자신의 방식으로 진안을 사랑하며 살고 있다. 진안의 초입에는 진안의 특산물인 인삼과 고추가 그려진 입간판이 서 있다. 진안에 도착하여 그와 밀린 얘기를 나눈 다음, 진안 문화원에 들러 마을숲에 관한 책을 한 권 얻어서 집으로 향했다.
 집으로 돌아오는 길에 영봉靈峰이라는 마이산에 들렀다. 사람들은 바위나 산의 생김새에 따라 의미를 부여하고, 심지어는 섬김의 대상으로까지 여긴다. 마이산도 말의 귀를 닮은 예사롭지 않은 모양이어서 많은 사람들이 신비로운 의미를 부여하는 산이다. 마이산은 그 모양의 뽀족

마이산의 타포니. 오랜 세월 동안 기계적 풍화를 거쳐 약해진 역암에서 바위와 자갈이 빠져나오며 독특한 지형 경관이 생성되었다.

한 정도로 암마이산과 수마이산으로 구분한다.

  지질학적으로 보면, 마이산은 전체가 퇴적암의 일종인 역암층이다. 이 지역은 과거 호수였던 곳으로, 주변의 거친 돌과 자갈이 쌓인 후 융기하여 마이산이 만들어졌다. 크고 작은 암석과 모래로 구성된 역암礫巖은 풍화에 약하다. 오랜 세월 동안 기계적 풍화를 거쳐 그 강도가 약해지면, 거대한 역암 속에서 크게는 어른 머리만 한 바위와 작게는 어린아이의 주먹만 한 자갈들이 빠져나가고 그 자리는 깊게 파이게 된다. 암석이 얼고 녹기를 반복하면서 그 자리는 점점 크게 확대되어 간다. 이렇게 해서 만들어진 구멍을 풍화혈風化穴 혹은 타포니tafony라고 부른다. 마이산의 풍화혈은 산의 북사면보다 남사면에서 더욱 발달한다. 남사면이 겨울에

마이산 탑사 앞의 돌탑들. 역암의 풍화혈에서 떨어져 나온 무수한 돌들이 있었기에 가능했다.

온도차가 더 커서 동결과 융해로 인한 기계적 풍화가 더욱 많이 일어나기 때문이다. 풍화는 지금도 계속되고 있으며, 풍화혈도 계속해서 새로 만들어지고 있다. 또한 기존의 것은 더욱 크고 깊어지고 있다.

  풍화혈에서 빠져나온 자갈들은 중력의 방향으로 떨어진 후 경사면을 따라서 계속 이동한다. 북사면보다 남사면에 풍화혈이 많기 때문에 자갈 또한 남사면에 더 많다. 이 자갈들은 둥근 모양이다. 자갈이 둥글다는 것은 하천 퇴적물이라는 뜻이다. 즉, 다른 곳에서 하천에 의해 굴러 이동해 온 것이다. 굴러 이동하는 동안 돌은 둥글둥글한 돌이 되었다. 이는 이곳이 과거에 상대적으로 낮은 곳이었다는 의미이다. 과거 이 지역은 호수 바닥이었다. 물을 따라 호수로 이동한 돌이 호수 바닥에 쌓인 후 융기하여 평지보다 높은 곳에 올려 놓여진 것이다. 이런 둥근 돌은 마이산 주변 곳곳에서 흔하게 볼 수 있다.

  암마이봉 남쪽 골짜기에 쌓아 놓은 마이산탑은 풍화혈에서 빠져나온 무수한 둥근 자갈을 쌓아서 만든 것이다. 그런데 사람들은 이 탑에 대해서 신비로운 의미를 부여한다. 이 탑을 쌓은 사람과 탑을 쌓은 과정에만 관심을 갖고 감탄을 한다. 그런 감탄만 하기보다는 고개를 들어 이것이 가능할 수 있었던 자연환경에 관심을 가져 보면 어떨까. 오늘도 마이산의 풍화혈은 만들어지고 있으며, 기존의 것은 더욱 커지고 있다. 자연은 부단히 변화하고 있으며 그 변화의 노정 중에 우리가 있다.

부석, 하늘로 떠오른 돌

경북 내륙 지역의 영주 부석사로 가는 길은 초가을의 향연이 넘쳐나고 있었다. 창밖으로 보이는 과수원에 빨간 봉지와 짙푸른 봉지로 감싸여 있는 사과들이 가을의 전령으로 보인다. 정말로 운치 있는 모습이다. 부석사로 오르는 언덕길을 재촉했다. 문화 권력가인 유홍준 씨가 『나의 문화유산답사기』에서 부석사를 찾기에 가장 좋은 계절이 가을이라고 했던 말을 이해할 수 있었다. 가파른 언덕길 너머로 108계단을 따라 안양루에 오르니 부석사 무량수전이 눈에 들어왔다. 누군가의 책 제목처럼 '무량수전 배흘림기둥에 기대서서' 보았다. 단청의 빛이 바래 고색창연함이 더욱 돋보였다. 철없는 문화재 애호가가 단청을 새로 칠하기라도 하면 어찌하나 하는 걱정이 들었다. 무량수전은 고려 시대의 목조 건축물로서, 봉정사 극락전의 연대가 밝혀지기 전까지 우리나라에서 가장 오래된 목조 건물이었다. 무량수전에서 바라본 소백산 줄기는 한 폭의

부석사의 부석. 판상 절리가 발달한 모암에서 떨어져 나온 널빤지 모양의 암석이 경사면을 따라 흘러내려 작은 돌들 위에 얹혀 있어서 뜬 돌처럼 보인다.

인천광역시 강화군 강화도의 화강암 판상 절리(보문사 눈썹바위)

제주특별자치도 서귀포시 지삿개 해안의 현무암 주상 절리

그림이었다. 무량수전을 왼편으로 돌아가니, 이 절의 이름이 왜 부석사 浮石寺인지를 알 수 있었다.

무량수전 뒤편 산자락은 화강암 암벽이다. 그 암벽에는 판상 절리가 발달해 있다. 암석은 일정한 틈과 균열을 가지고 있는데, 이를 절리節理, joint라고 한다. 그 절리가 기둥 모양으로 발달하면 주상柱狀 절리, 나무판과 같은 모양으로 발달하면 판상板狀 절리라고 부른다. 주상 절리는 금강산의 총석정, 제주도의 중문 해안 등이, 판상 절리는 강화도 보문사의 눈썹바위 등이 대표적이다. 널빤지 모양의 층을 가진 판상의 절리면은 침식에 약해서 풍화를 받으면 쉬이 판과 판 사이의 접합력이 약화된다. 그리고 이 접합력보다 중력이 더 커지면 널빤지 모양의 암석층이 모암母巖에서 떨어져 나와 경사면을 따라서 미끄러지게 된다. 부석사의 널빤지 모양의 암석은 모암에서 떨어져 나와 경사면을 따라서 흘러내린 것이다. 이 암석이 작은 돌들 위에 미끄러져 있어서 마치 평지 위에 뜬 돌같이 보인다. 그래서 이를 부석浮石이라고 부르고, 절의 이름도 이를 따서 부석사가 되었다.

사람들은 이 바위에 의미를 부여하고 전설을 만들어 냈다. 안내판에는 "오랜 옛날, 중국의 선묘라는 낭자가 이 절을 창건한 의상 대사를 사모했다. 선묘 낭자는 신라로 귀국길에 오른 의상을 따라가기 위해서 바다에 몸을 던졌고, 용이 되어 신라로 왔다. 의상은 명당인 이곳에 절을 지으려 했으나, 이미 수백 명의 도적 떼가 자리 잡고 있었다. 이들이 부석사의 건축을 방해할 때, 선묘 낭자가 나타나 부석을 세 번 하늘에 띄워 올리니 도적들이 모두 도망갔다."라고 적혀 있다. 지역의 문화 해설사도 이를 신명난 이야기로 풀어 준다. 샤먼의 시대뿐만 아니라 오늘날에도 이런 바위는 기복祈福의 대상이 된다. 바위의 형태에 따라서 의미도 각기 다르고 기복의 종류도 다르다.

바위는 자연물이지만 사람들이 그것에 의미를 부여하면 인문학적인 대상이 된다. 그러나 바위에 대한 의미 부여가 더욱 틀을 갖추기 위해서는 그 바위의 지형학적 생성 및 변화 과정에도 관심을 가질 필요가 있다. 바위에 대한 인문적인 의미의 설명에 그치지 않고 지리학적인 의미까지 곁들여 설명한다면 바위를 자연의 대상이자 인문의 대상으로 더욱 잘 이해할 수 있을 것이다. 지리학의 지평을 넓히는 데 있어서 새삼 책임감을 가져 본다.

산사태가 남긴 여름날의 상흔

가을이 끝나갈 무렵, 건강도 챙길 겸 친구와 함께 전주의 모악산을 찾았다. 여러 등산로 중에서 중인리 마을 쪽으로 올라가는 길을 택했다. 굳이 이 코스를 택한 이유는 산의 경사가 매우 완만하고 길게 이어져 있어 산을 오르기가 편하기 때문이다. 그래도 산은 산인지라 가쁜 숨을 몰아쉬며 중턱의 바위에 걸터앉아 쉬어가곤 했다. 앉는 곳마다 늦가을의 풍광이 나의 시선을 잡아끌었다. 소나무 숲길을 지나고 바윗길을 넘어 정상에 오르니 산자락에 보기 드문 흉한 모습들이 눈에 들어왔다. 자세히 보니 지난여름의 상흔인 산사태의 흔적이었다. 모악산이 군데군데 산사태로 얼룩져 있었다. 참으로 가혹했던 여름이었다. 전북 지역의 집중 호우로 모악산 자락에서 잇달아 산사태가 일어났기 때문이다.

우리는 여름철에 종종 산사태를 경험한다. 산사태가 발생하면 산지의 경사면에 있던 토사가 흘러내려 도로를 막거나 농경지를 쓸어 버리고

모악산의 산사태 흔적들. 산사태는 산지의 경사면 위에 쌓여 있는 토사가 중력의 힘보다 아래로 이동하려는 운동의 힘이 더 클 때 발생한다.

주택 등을 파괴시킨다. 산사태는 경사면에서 발생하는 자연재해이다. 우리나라의 산지는 이런 산사태가 많이 발생하는 특색이 있다.

　우리나라의 산지는 산사면 아래에 보통 화강암층이 있다. 화강암은 풍화가 잘 되는 암석이다. 따라서 이 화강암층 위에는 많은 양의 토사가 쌓여 있고 그 토사 위에 나무들이 자라고 있다. 산사태는 이런 심층 풍화가 발달한 화강암 산지에서 자주 발생한다. 산지의 경사면 위에 쌓여 있는 토사가 아래로 흘러 내리지 않고 안정을 취하고 있는 것은 경사면을 따라서 이동하려는 운동의 힘보다 중력의 힘이 더 세기 때문이다. 그리고 그 토사 위에 자라는 나무와 풀들이 토사가 아래로 내려가려는 힘의 반작용 역할을 한다. 그래서 산에 나무가 많을수록 산지 지형이 안정을 유지할 수 있다.

그러나 짧은 시간 내 집중 호우가 발생하면 사정이 달라진다. 여름철 2~3시간 동안 비가 100mm 이상 쏟아지면, 산지 경사면의 토사는 물을 흠뻑 머금는다. 물을 머금은 경사면의 토사는 아래로 내려가려는 힘이 증가하게 된다. 중력의 힘보다 경사면의 이동력이 더 커지게 되면, 결국 산지의 토사는 경사면을 따라서 아래로 쓸려 내려간다. 이런 현상이 산사태다. 눈이 많이 올 때 일어나는 눈사태도 같은 원리이다. 산사태든 눈사태든, 이와 같이 산지의 경사면을 따라서 대량으로 물질이 이동하는 자연 현상을 매스 무브먼트mass movement라 한다.

사태가 발생하여 눈이나 토사가 한번 쏟아져 내리면 산지뿐만 아니라 주변 지역에까지 큰 피해가 간다. 깊게 뿌리를 내린 나무들로 울창한 숲은 이런 산사태를 저지할 수 있는 바리케이드이다. 그런데 사람들이 산허리를 잘라서 도로를 내거나 경사면의 지나친 개간으로 나무들이 제거되면 숲의 저항 능력은 급격히 떨어진다. 여름철에 북한에서 산사태가 자주 발생하는 원인도 여기에 있다. 극심한 빈곤 때문에 산지를 지나치게 개간하여 농사를 짓다 보니 비만 오면 산사태가 빈번하게 일어나고 산지는 더욱 황폐화되고 있다. 집중 호우 시 저항력이 떨어져 발생하는 산사태는 불가피한 자연 현상이기도 하지만, 한편으로는 사람들의 무분별한 욕심으로 인한 인재人災이기도 하다. 산사태로 훼손된 사면을 복원하는 데는 많은 시간이 걸린다. 사람들도 산사태의 후유증으로 오랫동안 고생을 하게 된다. 자연과 인간이 모두 여름날의 상흔으로 고통스러워하고 있다.

풍화 속에서 피어난 꽃, 흔들바위와 울산바위

 가을이 성큼 다가와 일주일간의 긴 추석 연휴가 시작되었다. 올해는 교통 대란을 피해 휴가를 보내고 서울로 역귀성하기로 하였다. 가족들과 논의한 끝에 휴가 지역을 설악산으로 정했다. 호남고속도로와 중부고속도로를 타고, 다시 영동고속도로를 이용하니 설악산도 그리 멀지는 않았다. 남북과 동서로 이어진 고속 도로의 건설로 국토의 시간 거리가 매우 짧아졌음을 새삼 느낄 수 있었다. 설악산 입구에 도착해서 멀리 설악산의 전경이 눈에 들어오자 일행들 마음이 들뜨는 것 같았다.

 울산바위와 흔들바위를 보기 위하여 산행을 나섰다. 다소 거칠고 경사도가 높은 길을 한참이나 걸어서 올라가니 흔들바위가 나왔다. 학창 시절 수학여행 코스로도 가장 인기가 있었던 곳이다. 흔들바위가 있는 계조암 뒤로는 거대한 바위 절벽이 펼쳐져 있다. 여전히 사람들의 인기를 독차지한 흔들바위는 평평한 암반 위에 놓여 있는 둥근 돌로 힘을 주

강원특별자치도 속초시 설악산 흔들바위를 감상하는 사람들. 암석이 절리면을 따라 풍화되면서 모서리가 둥그렇게 깎여 나간 채 혼자 남았다.

어 밀면 약간 움직인다. 이런 흔들바위는 한반도처럼 풍화가 많은 화강암 지역에서 쉽게 발견되는데 지형학 용어로 핵석核石, core stone이다.

우리나라는 과거에 수분이 많은 아열대 기후였던 적이 있다. 이때 지하 깊은 곳까지 풍화가 일어났는데 이를 심층 풍화深層風化, deep weathering라고 한다. 화강암 덩어리는 수직과 수평으로 절리가 발달하여 수많은 블록으로 갈라지게 된다. 절리의 틈은 물이 침투할 수 있는 통로 역할을 하는데 그 틈을 따라 들어온 물은 얼기와 녹기를 반복하면서 풍화 작용이 잘 일어나도록 돕는다. 이런 풍화 작용을 가장 많이 받는 곳은 블록의 모서리다. 오랜 세월 모서리 부분이 풍화 작용으로 깎여 나가면서 블록은 점점 둥근 모양으로 바뀐다. 그렇게 만들어진 둥근 돌이 핵석이다.

강원특별자치도 속초시 설악산 울산바위. 흔들바위와 형성 원리는 똑같지만 그 바위가 거대한 암석군을 형성하고 있는 점이 다르다.

그리고 핵석 주변의 지형들이 깎여나간 후 핵석이 주변보다 높은 곳에 단일 암석 형태로 남아 있는 작은 지형을 토르tor라 한다. 흔들바위는 바로 그 핵석이자 토르의 한 모습이다.

흔들바위에서 1km 정도 산을 더 오르면 거대한 암석군인 울산바위가 나온다. 철제 계단을 붙잡고 수직으로 솟아 있는 바위를 힘들게 올라서면 울산바위의 정상에 도달한다. 여기서는 주변의 산세를 한눈에 볼 수 있다. 이 울산바위도 토르가 만들어지는 원리와 똑같다. 하지만 그 바위가 거대한 암석군을 형성하고 있는 점이 다르다. 병풍처럼 둘려 있는 울산바위는 그 모습만으로도 사람들을 압도하고, 절로 자연에 대한 외경심을 갖게 한다. 이와 같이 거대한 풍화 핵석군을 인셀베르그inselberg라 부른다. 독일어로 큰 산, 즉 거대한 바위산이라는 뜻이다. 이렇게 심층 풍화를 통한 차별 침식의 결과로 만들어진 암석 지형은 산 정상부에서 많이 볼 수 있는데 대부분 절경으로 꼽힌다. 이곳에 미국의 어느 산처럼 대통령의 얼굴을 새겨 놓지 않은 것이 얼마나 다행인지 모르겠다.

사람들은 가을 단풍과 어우러진 두 바위의 절경을 보기 위해서 설악산으로 몰려온다. 가을의 울산바위는 파란 하늘과 대조를 이룬다. 눈부신 흰색을 띤 거대한 바위와 푸른 가을 하늘이 대비를 이루어 아름다움을 자아낸다. 토르와 인셀베르그와 같은 자연 지형과 어우러진 설악산의 가을이 더욱 아름답다. 이런 비경들은 백두대간을 따라서 우리 한반도 곳곳에서 찾아볼 수 있으며, 그곳들도 어김없이 명소가 되어 세인들의 눈과 발길을 잡아 두고 있다.

천정천, 하늘로 오르는 하천

작열하는 여름, 중부 지방이 온통 물난리이다. 홍수가 지나간 흔적은 너무도 가혹하다. 밀려온 토사와 자갈이 온 마을을 삼켜 버렸고 숱한 이재민이 발생하였다. 그 여름의 홍역을 뒤로 하고 경북 김천의 구야 마을로 청년들을 이끌고 농촌 봉사 활동을 갔다. 이곳은 우리나라 포도의 20%를 생산하는 대규모 포도 생산지다. 포도밭은 아직 더 많은 태양을 필요로 했다. 여름철 긴 장마로 일조량이 적어서 포도 농사가 신통치 않다고 주민들이 울상이었다. 결국 마을 어르신들과 상의한 끝에 우리는 논농사를 돕기로 하였다. 우리에게 주어진 임무는 논의 피를 뽑는 일이었다. 농촌에 젊은이가 없음을 새삼 느끼면서 작게나마 도움이 되기 위해 부지런히 손을 놀렸다. 일을 마친 후의 논은 머리를 깎은 듯 정연했다. 다소 뿌듯함을 느끼면서 휴식을 취했다.

청년들이 낮잠을 즐기는 사이에 나는 카메라를 들고 마을 주변을 배

김천 구야 마을의 작은 하천. 산지에서 평지로 나온 하천은 운반력이 떨어지면서 점점 토사가 쌓여 하천의 바닥이 높아진다.

회하였다. 마을 앞에는 작은 도랑이 하나 있었다. 다리 위에서 볼 때, 도랑의 너비는 10여 미터, 물길의 너비는 2미터 정도로 보였다. 지난 비에 몸살을 앓은 흔적이 역력하다. 하천에는 굵은 모래가 바닥 높이 쌓여 있고, 주변 식생들은 물살에 쓸려 아직도 일어나지 못하고 있었다. 물은 하천의 모래톱을 유선형으로 부드럽게 가로지르며 흘러가고 있다. 모래톱에는 굵은 모래가 곡류를 하는 물줄기의 양옆에 쌓여 있다. 아마도 이 시골에 개구쟁이들이 있었다면 두꺼비집을 짓고 놀았을 것이다. 외지에서 운반된 모래 등이 쌓여서 하천 바닥이 높아지면, 농부들은 하천의 제방을 더 높게 쌓는다. 이런 일이 거듭되면 하천의 바닥이 주위의 농지보다 높아지게 된다.

우리는 이런 하천을 천정천天井川이라 부른다. 하천이 산지에서 평지로 나오는 지점에서 많이 발달하는 작은 지형이다. 산지에서 토사를 끌고 온 하천이 평지를 만나면 경사가 완만해지면서 토사를 끌고 갈 운반력이 떨어진다. 결국 토사가 점점 쌓이면서 하천의 바닥을 높이는 결과를 가져온다. 이런 천정천은 경지 정리와 같은 인간의 간섭이 증가하면서 우리 주변에서 점점 사라지고 있다.

그동안 작은 하천들은 준설 작업으로 그 원래의 모습을 잃고 콘크리트 제방 하천이나 직선 하천으로 변해 왔다. 그러나 이렇듯 하천이 자신의 원형을 버리면서까지 물을 대 주었던 문전옥답도 이제 지을 사람이 없다니 슬픈 일이다. 세상이 변하니 농촌도 농사도 그 변화에 적응할 수밖에 없다. 마을의 변화를 반영하여 소하천도 그 기능을 달리하게 된다. 논농사가 주업일 때는 소하천이 문전옥답에 생명수를 전달해 주는 젖줄의 역할을 했다. 그래서 마을 사람들도 하천을 가꾸고 다듬는 데 많은 관심을 가졌다. 그러나 논농사가 퇴보하고 다른 농사가 주업으로 변화하자, 소하천은 홍수 시 빗물을 담아 큰 하천으로 흘려보내는 통로 역할을 주로 담당하고 있다. 자유무역이라는 미명하에 세계의 농업 자본이 우리 농촌을 지배할수록 작은 하천의 역할 변화는 보다 가속화될 것이다.

오늘도 소리 없이 마을의 어귀를 지키고 있는 이 작은 하천도 논농사가 점차 사라지면 사람들의 관심에서 멀어져 방치될 것이다. 그리고 그 결과, 작은 하천의 하상은 더욱 하늘을 향해 올라갈 것이다. 하천이 하늘 높이 떠오를수록 우리의 터전은 더욱 악화된다.

바람과 모래가 만든 사구

　오스트레일리아 여행 중에 동부의 시드니 북쪽 뉴캐슬 근처에 있는 포트스티븐스Port Stephens를 찾았다. 이곳은 아주 길게 펼쳐진 스톡턴 해변Stockton Beach과 이어져 있어서 도착하자마자 모래 바람이 반겨 주었다. 바람에 날린 모래 가루가 입 안에서 사각거렸다. 경험으로 보아 모래 입자가 실트 크기임을 알 수 있었다. 잠시 후, 이 모래들이 바람에 날려 만들어 낸 거대한 모래 언덕의 물결을 보았다. 이들 모래 언덕이 이른바 사구砂丘, sand dune이다. 동쪽 스톡턴 해변에서 불어오는 바람이 펼쳐 놓은 사구 지대는 그 길이가 수 킬로미터이고, 순수 모래 폭만 해도 족히 3km는 넘어 보였다. 이 장대한 모래 언덕의 규모 때문에 사람들은 이 지형을 사막이라 부르고 있다. 모래 언덕의 높이는 해안에서 내륙으로 들어가면서 높아지다가 정점을 지나고 나서는 점점 낮아진다. 모래 언덕 안쪽의 낮은 곳에는 식생이 그 위를 덮고 있다. 식생이 덮여 있는 모래사

오스트레일리아 포트스티븐스 사구의 전경. 풍부한 해변의 모래와 탁월풍이 수 킬로미터에 걸친 해안 사구를 형성하였다.

장은 폭을 가늠하기 어려울 정도였다.

사구는 바람이 불어 모래를 옮겨 쌓아 놓은 지형이다. 사구는 그 위치에 따라서 내륙 사구와 해안 사구로 나뉘는데, 이 사구는 해안 사구이다. 해안 사구는 말 그대로 해안에 형성된 사구이다. 해안에 사구가 발달하기 위해서는 바다의 해류나 연안류가 운반해 놓은 해변의 모래가 풍부해야 하고, 이를 해안선 안쪽으로 옮길 수 있는 탁월풍이 불어야 한다. 탁월풍의 세기와 방향은 사구를 다양한 형태로 빚어낸다. 사구에 잔잔한 바람이 불어 모래를 한쪽으로 부드럽게 쓸어 가면서 물결 모양의 연흔을 만들어 놓더니, 곧바로 다른 방향의 바람에 맞추어 모습이 변한다. 또 다른 곳에서는 깊은 모래 골짜기와 모래 낭떠러지를 만들어 놓고 단

포트스티븐스 사구의 모래 낭떠러지 모습. 모래 썰매를 타기에 안성맞춤이다.

아한 여인의 머리치장처럼 고운 모습을 빚어 놓는다. 이런 모양을 모래사막에서는 바르한barkhan이라 부른다. 모래는 이처럼 변화무쌍하다. 바람이 빚은 모래 낭떠러지는 모래 썰매 타기에도 안성맞춤이다. 썰매에 몸을 싣고 45° 이상 급경사인 모래 낭떠러지를 내려가는 순간, 전율을 느낄 수 있었다.

사구에는 다양한 생명체가 살고 있다. 바람에 몸을 낮춘 풀과 키 작은 나무들도 자라는데, 이 식생은 수시로 변하는 사구의 환경 속에서 모래를 보존해 준다. 사구의 식생들은 힘겹게 모래를 부둥켜안고 있다. 그러면 모래는 다른 길로 돌아서 날아간다. 다시 쌓인 모래 위에 한해살이풀들이 뿌리를 내리고 있다. 바람에 의해서 모래가 날아가고, 내륙 쪽에서 관목 식생이 자라면서 사구는 육화陸化되고 있다. 또한 사구에는 딱정벌

레, 도마뱀 등의 작은 동물은 물론 갈대나 숲이 형성된 곳에는 사슴이나 고라니 같은 큰 동물들도 서식한다.

사구는 인간의 간섭으로 빠르게 파괴되고 있다. 사구를 보전하기 위한 노력을 비웃기라도 하듯 그 파괴 속도는 더욱 가속화되고 있다. 해안 사구는 관광지 개발, 농지화, 도시화, 모래 채굴 등으로 몸살을 앓고 있다. 또한 사구 주변 지역의 개발로 인하여 모래 공급 자체가 줄어들어 사구가 파괴되기도 한다. 자연 생태계의 보고로서 사구의 중요성을 다시 인식할 필요가 있다. 주요 사구를 자연 상태로 보존하기 위하여 시민들이 기금을 마련하는 운동을 펼치기도 한다.

강은 산을 넘는다

뉴질랜드 북섬으로 여행을 갔다. 오클랜드 공항에서 4시간여를 달려 휴양 도시인 로토루아Rotorua에 도착하였다. 유황 온천으로 유명한 관광지인 로토루아는 온 도시가 계란 썩는 냄새와 비슷한 유황 냄새로 가득했다. 흐릿한 다음 날 아침, 후카Fuka 폭포를 보기 위해 버스를 타고 와이카토Waikato강으로 갔다. 가랑비 덕분에 와이카토강 계곡은 촉촉이 젖어 있었으며, 겨울답지 않은 싱그러움을 간직하고 있어 남반구에 와 있음을 새삼 실감할 수 있었다. 주차장에서 몇 분 걸리지 않아 폭포가 나타났다. 그러나 폭포의 규모에 실망하지 않을 수 없었다. 좁은 계곡을 따라서 흐르는 물이 엄청난 낙차를 보이면서 내리붓고 있을 거라 기대했기 때문이다. 아마도 뉴질랜드의 폭포라서 기대가 너무 컸던 모양이다.

폭포 앞에는 이곳을 뉴질랜드 관광청이 추천하는 가장 매력적인 경관 중 하나라고 소개하는 안내 표지판이 있었다. 폭포의 규모에는 실망했

뉴질랜드 와이카토강의 후카 폭포. 절벽면이 물에 의해서 상류 쪽으로 깎이는 두부 침식 현상을 볼 수 있다.

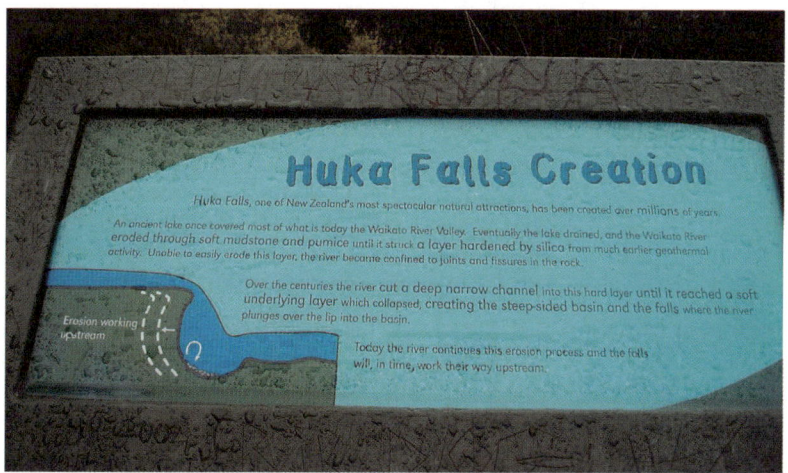

폭포의 진행 과정을 잘 보여 주는 후카 폭포의 안내 표지판

지만 그 표지판의 내용은 매우 흥미로웠다. 폭포가 형성되는 과정과 앞으로 변화될 과정을 그림과 함께 소개하고 있었다.

하천의 물은 위에서 아래로, 즉 높은 곳에서 낮은 곳으로 흐른다. 흐르는 물은 경사가 크게 변하는 곳, 낙차가 존재하는 곳에 이르면 수직 방향으로 떨어지면서 강바닥에 충격을 준다. 그래서 물이 떨어지는 지점은 상대적으로 다른 곳보다 깊게 파여 낮아지는, 이른바 하방 침식下方浸蝕이 일어난다. 수직 방향으로 떨어진 물은 모두 곧바로 아래로 흘러가지 않는다. 물의 낙하 지점은 다른 곳보다 깊기 때문에, 물은 떨어지면서 반은 원래의 방향인 하류로, 나머지 반은 역방향인 상류로 튀어 오른다. 역방향의 물은 소용돌이인 와류渦流를 만들고, 이 와류는 폭포의 절벽에 부딪친다. 이 때문에 폭포 아래 절벽이 점차 파이게 되고, 아래쪽이 파이면 위쪽 절벽면들은 중력에 의해서 아래로 내려앉는다. 이런 방식으로 폭포는 상류 방향으로 계속해서 후퇴해 간다. 이렇게 절벽면이 물에 의해서 상류 방향으로 깎이는 현상을 두부 침식頭部浸蝕이라 한다.

이런 침식 과정은 폭포를 살아 있게 만든다. 살아 있는 폭포는 계속해서 상류 방향으로 이동한다. 어느 책에서 '강은 산을 넘지 못하고'라는 표현을 썼지만, 강은 산을 넘을 수 있다. 단지 시간이 걸릴 뿐이다. 물이 떨어지는 지형에서는 어디서나 이런 침식 과정이 일어날 수 있다. 우리가 주변의 익숙한 지리적 현상을 낯설게 바라보지 못하는 것뿐이다. 뉴질랜드에서 만난 후카 폭포의 안내판은 이런 하천의 원리를 간단하게 그리고 적확하게 설명해 주고 있었다. 그러나 사람들은 이런 안내 표지판에 별 관심을 보이지 않는다. 강과 산과 폭포를 보다 정확하게 보려 하지 않는 것이다. 눈에 보이는 것만을 보고 있다. 그러나 그 보이는 것을 보다 잘 보기 위해서 그리고 보이지 않는 것까지 보기 위해서는 지형의 설명 안내판에 관심을 갖고 열심히 읽을 필요가 있다. 이곳에서 '아는 만큼 보인다.'는 격언을 새삼 확인해 보았다.

국토를 밝히는 삼각점

건강을 위해서 수요일 오후마다 동료들과 함께 주변 산을 오른다. 등산을 하면서 새삼 운동을 하는 사람들이 많음을 느낀다. 저속 노화 지향 시대에 몸을 건강하게 가꾸는 일을 게을리할 수는 없다. 그 일을 좋아하는 사람들과 함께하면 더욱 즐겁다. 이번에는 전주 인근의 오봉산五峰山에 오르기로 하였다. 말 그대로 다섯 봉우리로 구성된 산이다. 올라갔다 내려오는 데 2시간 남짓 걸린다. 오봉산은 산 아래서부터 급경사를 이루고 있어서 초반부터 격한 산행을 해야 한다. 오봉산 정상에 도착하니 513.2m라 적힌 표지석이 지친 나를 반겨 준다. 그리고 그 앞에는 삼각점을 알리는 네모난 돌이 박혀 있다.

삼각점은 삼각 측량을 하기 위한 기준이 되는 지점이다. 삼각 측량법은 일정 지역을 삼각형 모양으로 만들어 가면서 삼각형 내의 땅을 측지하는 기법이며, 삼각형의 각 꼭짓점이 삼각점이다. 삼각형의 크기는

전북특별자치도 완주군 오봉산 정상의 삼각점. 삼각점은 우리 국토의 지리 정보를 담고 있으며, 지도를 만드는 데 중요한 역할을 한다.

4등급이 있는데, 1등급은 한 변의 길이가 45km, 2등급은 8km, 3등급은 4km, 4등급은 2km이다. 이렇게 전국을 크고 작은 삼각형 망으로 구분하여 그 꼭짓점의 위치를 표시해 둔 표석이 삼각점이다. 산 정상에 있는 삼각점에는 다양한 지리 정보가 수록되어 있다. 제작 연도, 삼각점의 등급, 방위, 해당 지도명이 그것이다. 삼각점 표석의 한가운데에 있는 '+' 표시가 방위이다. 그리고 표석의 지명은 우리나라 1:50,000 지형도의 도엽명을 의미한다.

　일본은 우리 국토를 수탈할 목적으로 일본 쓰시마섬을 삼각 측량의 기준점으로 삼고 우리나라 전국에 삼각점을 만든 다음 이를 기초로 측량하여 지도를 만들었다. 일본이 우리나라의 주요 항구나 도시, 해안 등을 삼각 측량법을 통하여 기초 조사를 한 것은 이미 강제 병합 이전인 1907년이다. 그리고 이 측량을 토대로 1917년에 정확한 지도를 만들었다. 일본이 만든 지도는 우리나라 근세 시대의 지리적 현상을 연구하고 이해하는 데 중요한 자료를 제공하고 있다. 슬픈 역사이지만, 지금도 우리나라 지도는 이 삼각점을 근간으로 하고 있다.

삼각점은 국토의 위치를 알리는 기준이 되고 있다. 그 기본이 되는 삼각점은 경기도 수원시 원천동 산 63번지의 산 정상에 있다. 이는 영구적인 기준점이며 동경 127°03′, 북위 37°16′이다. 삼각점은 이 기준점을 중심으로 우리 국토의 지리 정보를 담는 데 매우 중요한 역할을 한다. 특히 지도를 만드는 데 중요하다. 우리나라 1:50,000 지형도를 제작하는 데 있어서도 위치 기준이 되고 있다. 지도상에서는 삼각점이 삼각형 가운데에 점을 찍은 모양의 기호(△)로 표기된다. 현재는 위성을 이용한 이미지로 지도를 만들고 있지만, 전통적인 아날로그 지도는 삼각점을 기준으로 측량한 결과로 만들어졌다.

전국의 산 정상에는 이 삼각점 표석들이 존재한다. 정상에 있는 삼각점을 기준으로 하여 주변의 봉우리에 다른 두 삼각점이 존재함을 알 수 있다. 산에 올라서 그 지점을 찾아보는 일도 재미있을 듯하다. 정상에서 다른 산들의 정상을 눈으로 이으면서 삼각꼴을 만들어 가상으로 삼각 측량을 해 보자. 산 정상에 있는 그 작은 화강암 표석이 국가 기초 조사의 중요한 토대가 되고 있음을 확인해 보길 바란다.

만리장성은 분수계 위에 있다

아파트는 전망이 중요하다. 전망이 아파트의 가격에 중요한 인자로 작용하게 된 것은 오래 전이다. 내가 사는 아파트에서는 가깝게는 완산 칠봉 그리고 멀게는 모악산의 능선이 한눈에 들어온다. 등산을 해 보면 이 능선의 좌우로 서로 다른 산사면이 능선에 잇대어 있는 것을 볼 수 있다. 오르막의 힘겨움도 능선에 이르면 한결 편해진다. 거칠어진 숨을 고르면서 걸을 수 있다.

이런 능선에 비가 내리면 빗물은 능선을 기준으로 양옆으로 흘러 자신의 운명을 달리한다. 서로 다른 물길을 따라서 흘러가게 된다. 이렇듯 산의 능선은 물의 영역을 나누어 주는 경계이다. 그래서 이런 경계를 분수계分水界라 한다. 비가 오면 물이 양쪽으로 갈라지게 하는 지형이다. 분수계를 기준으로 강물의 수계가 달라지기도 한다. 전북의 진안에는 수분리水分里라는 마을이 있다. 지명이 말해 주는 대로 이 마을의 분수계를

중국의 만리장성. 북쪽 산자락을 타고 올라오는 적을 막기 위해 산사면의 꼭대기인 분수계에 쌓았다.

따라서 물은 금강과 섬진강의 수계로 나누어진다. 여기서 갈린 물줄기는 바다에서나 다시 만날 수 있다.

낙엽 진 겨울 산에서는 산등성이의 분수계를 보다 잘 볼 수 있다. 자신이 두르고 있던 모든 잎가지를 던져 버리고 맨몸을 그대로 드러내 보이기 때문이다. 겨울에 찾은 중국의 만리장성도 분수계에 자리하고 있었다. 만리장성은 돌로 쌓은 성벽이다. 수레가 지나갈 수 있도록 폭도 넓게 만들었으며, 벽을 높이 쌓고 활을 쏠 수 있는 사대射臺를 만들었다. 북쪽 산자락을 타고 올라오는 적을 막기 위해서 이렇게 거대한 구조물을 분수계 위에 긴 띠 모양으로 만든 것이다. 현재 그 길이는 지도상 약

2,700km이고, 중첩된 부분을 합치면 그 2배 가까이 된다.

　우리나라의 외성들도 보통 주변 산지의 분수계를 따라서 축조되었다. 전주성의 외성인 남고산성, 위봉산성이 그렇다. 산성은 그 용도를 가장 잘 수행하기 위하여 분수계 위에 만들어야 한다. 분수계가 지형 조건상 적을 가장 잘 관찰할 수 있고, 적의 접근성을 떨어뜨리고, 적과의 경계를 분명히 세울 수 있는 곳이기 때문이며, 또한 전란 시에 자신을 방어하기에 좋고 후방의 땅을 지키기 위한 배수진으로 이용할 수 있는 곳이기 때문이다.

　분수계 지형은 나라와 나라, 지방과 지방 간의 경계를 세우기에도 적합하다. 분수계로 나뉜 생활권은 언어, 문화, 정치 등의 차이를 가져왔다. 특히 교통이 발달하지 못한 시대에는 이 분수계가 경계를 그을 때 절대적인 기준이 되었다. 우리나라의 호남과 영남을 가르는 중요한 기준도 분수계를 따라서 형성된 선이다. 지금은 분수계를 넘어서 도로를 건설하거나 분수계 아래로 터널을 뚫어 경계를 허물고 있다.

　분수계는 자기 구역을 나누고, 자기 땅을 지키고, 자기 영역을 구별 짓는 데 활용되었다. 즉, 분수계는 구별 짓기에 보다 익숙한 개념이다. 그러나 이젠 이 분수계로 형성된 구별 짓기의 경계를 넘어서 서로 간에 지나치게 경계하는 것을 허물어 세계인이 함께 어울려 살아가야 한다. 그래서 이 시대에 있어서 분수계는 경계와 경계를 잇고, 그 경계로 나뉜 마음들을 이어 주는 역할을 해야 한다. 분수계를 기준으로 조각처럼 나뉜 세계는 다시 분수계로 잇대어질 수 있다. 분수계를 접합 지점으로 삼아 조각조각 나뉜 세상과 마음을 조각보처럼 이어 나가길 바란다.

차령은 비를 그치게 한다

집안일로 서울을 오가는 일이 많다. 서울까지의 거리는 대략 230km 정도이고 고속버스로는 2시간 남짓 걸린다. 이번에는 어머니 기일이라 서울에 다녀왔다. 서울을 오가는 길은 '천안-논산 고속도로'가 완공되면서 한결 가까워졌다. 이 도로의 건설로 조선 시대에 한양 가는 길에 가장 근접해졌으며, 당연히 서울로 잇는 가장 짧고 빠른 길이 되었다. 이 길을 오갈 때는 차령터널을 거쳐야 한다. 차령터널은 차령산맥을 관통하는 터널로서 그 길이가 2.4km에 달한다. 서울에서 집으로 오는 길에 장대비가 쏟아졌다. 고속 도로의 전광판은 빗길에 운전을 조심하라고 주의를 쏟아 냈다. 아내는 내심 걱정이 되는지 휴게소에서 좀 쉬어 가자고 했다. 그러나 나는 아내에게 차령터널을 지나면 비가 그칠 거라고 말해 주었다. 혹시라도 비가 그치지 않으면 명색이 지리를 공부하는 남편으로서 체면이 말이 아닐 터라 걱정 아닌 걱정을 하며 차령터널로 들어갔다.

긴 터널을 빠져나오니 보란 듯이 비가 그쳐 있었다. 집으로 가는 내내 우쭐대면서 거리를 달렸다.

차령산맥은 강원도 오대산에서 시작하여 충청북도와 경기도의 경계를 지나고, 다시 충청남도 중앙부를 북동에서 남서 방향으로 내리뻗어 서해안의 보령·서천에 이른다. 산맥의 길이는 약 250km이고, 평균 고도는 600m이다. 차령산맥은 한반도의 기후 지역을 남부의 온대 기후와 북부의 냉대 기후로 나누는 경계가 되는 선이다. 이 선은 한반도에서 가장 추운 달(최한월)인 1월의 평균 기온이 -3℃인 등온선과 일치한다. 물론 한반도가 지구 온난화로 기온이 점점 올라가면 이 선도 좀 더 북쪽으로 올라갈 것이다. 또한 산맥은 이동에 장애를 주고 지역을 구분 짓는 경계가 되어 왔다. 차령산맥은 역사적으로 고구려와 백제의 양대 세력이 맞부딪친 정치적 경계선이었으며, 지리적으로는 한반도의 중부 지방과 남부 지방의 경계선이기도 하다.

보통 산맥은 상대적으로 높은 땅이어서 기후 현상에 영향을 준다. 특히 우리나라의 산맥은 여름철 강우 현상에 큰 영향을 준다. 비구름은 차령산맥과 같은 장애물을 만나면 산자락을 타고 올라간다. 고도가 높아지면서 기온이 낮아지고, 낮은 기온은 구름 속 물방울의 응결을 일으켜 비를 뿌린다. 여름철 동서로 형성된 전선은 한반도의 남북을 오르내리면서 이와 같은 산맥에 부딪쳐 많은 비를 내린다. 그래서 한반도 내륙에서 비가 많이 내리는 지역, 즉 다우多雨 지역은 대부분 산맥과 산맥이 만나는 곳에 있다. 태백산맥과 차령산맥, 소백산맥과 노령산맥 등이 접하는 지점들이 그 대표적인 예이다. 이처럼 산맥과 같은 지형의 영향으로 인하여 내리는 비를 지형성 강우라고 한다.

  이렇게 비를 뿌리며 산을 타고 올라간 비구름은 산 너머 반대편 사면에서는 비를 내리지 않기도 한다. 수분의 양도 줄어들었을 뿐 아니라 기온도 올라가 물방울의 응결을 일으키지 않기 때문이다. 이처럼 산맥은 비를 내리게도 하고, 비를 그치게도 한다. 집으로 돌아오는 길, 차령산맥도 비를 부르고 다시 비를 그치게 한 것이다.

제5장

기후와 식생

더위를 식히는 스콜

대만의 타이베이로 출장을 떠났다. 대만은 우리나라의 친중 외교 정책으로 국교가 단절되고 항공 노선까지 폐쇄되었던 국가이다. 그러나 양국의 상호 이익을 위하여 항공 노선이 재개설되었고, 덕분에 국적기를 타고 대만으로 향할 수 있었다. 대만의 타이베이는 인천공항에서 3시간여가 소요되는 그리 멀지 않은 곳에 있었다. 타이베이에 도착하자마자 부리나케 대만 국립 박물관으로 향했다. 다음 날 본격적인 업무를 시작하기 전에, 장개석 총통이 대륙의 땅을 버리고 대만으로 도망치면서 본토에서 몽땅 들고 온 유물을 보고 싶어서였다.

오후 2시 30분경, 버스가 더위에 지쳤는지 박물관의 언덕길을 힘들게 올라갔다. 그때 먹구름이 잔뜩 몰려오더니 시원스럽게 비를 뿌리기 시작했다. 쏟아지는 빗줄기가 버스 유리창을 힘차게 때리며 경쾌한 소리를 냈다. 후덥지근한 날씨에 반가운 단비다. 그러나 비가 그치고 나니 공

대만 타이베이에서 버스 창문으로 본 스콜. 먹구름과 함께 몰려온 시원한 빗줄기는 더위에 지친 거리를 식혀 준다.

기 중의 습도가 높아져서 다시 후덥지근하다. 잠시 후, 이 기후 현상이 매일 오후 2~3시경에 반복적으로 내리는 스콜squall임을 알아챘다. 사람이 아는 것과 행하는 것이 다르다더니, 지리로 밥을 먹고 사는 사람이 아열대 기후 현상에 대한 지식을 현장에 바로 접목시키지 못하고 한 박자 늦고 있다. 행여 누가 알새라 말없이 내 머리를 쥐어박았다. 지리 지식의 이론과 실제의 괴리를 맛본 순간이다. 요즘 말하는 구성주의 학습이 이래서 필요한 듯하다.

스콜은 열대나 아열대 기후에서 하루를 주기로 반복적으로 내리는 일종의 소나기다. 이는 한낮의 태양이 뜨겁게 달구어 놓은 대지에 대한 보답이며 뜨거운 것을 식히는 자연의 이치다. 대지는 일출 직전 최저 기온에서 시작하여 태양이 남중 고도를 지날 때까지 태양이 주는 열을 받아들인다. 정오를 넘어 서면서 더욱 작열하는 태양은 공기 중의 수증기를 덥히고 대지는 태양으로부터 받은 더운 열기를 반사하여 열을 뿜어낸다. 태양열과 대지의 복사열輻射熱을 못 이긴 수증기가 불이나케 수직 상승하여 대기 중으로 올라간다. 올라간 더운 수증기는 대지의 복사열로부터 멀어지면서 온도가 낮아진다. 수증기는 100m 상승할 때마다 온도는 0.5~0.6℃씩 떨어진다. 이렇게 기온이 낮아진 수증기는 응축되어 적란운(일명 소나기구름)을 만들고 다시 비가 되어 돌아온다. 이런 기후 현상을 스콜이라 부른다. 우리의 소나기도 같은 원리이며, 이런 유형으로 내리는 비를 대류성對流性 강우라고 한다. 이 자연 현상은 열대와 아열대 기후 지역에서는 일상적이다. 이렇게 내린 비는 뜨거운 대지를 식혀 주고 다음 날 떠오르는 태양과 함께 대기 속으로 증발해 올라간다. 이것은 다시 비가 되어 내일의 대지를 적셔 줄 것이다.

자연 현상은 이렇게 순환을 거듭한다. 변화하되 시스템의 균형을 유지한다. 이 균형 잡힌 자연 현상을 지속 가능하게 만드는 것은 인간에게 달려 있다. 사람들이 자연의 순환에 장애를 일으켜 지구의 대기 대순환에 변형이 가해지면 작은 환경의 기후 조건이 달라지고, 이는 곧 지구 전체의 환경에 영향을 미치기 때문이다.

하늘이 낮은 먹구름으로 검게 변하고 굵은 빗방울이 무섭게 쏟아진다. 그러나 그것은 잠깐이다. 스콜의 매력은 짧다는 점이다. 스콜이 멈춘 후, 높은 습도로 무척 후덥지근해진다. 현지 기후에 적응해야 하면서도 에어컨 바람을 그리워하게 된다.

꽃샘추위, 봄의 전령사인가 겨울의 시샘인가

　신입생 입학식 날이다. 행사에 참석하기 위하여 평소에 잘 입지 않던 봄 양복을 입고 출근을 했다. 그러나 아파트의 엘리베이터를 내리자마자 후회막급이다. 어제의 봄바람이 어디론가 몽땅 사라진 것이다. 봄날이 무색하게 사람들이 옷깃을 여미며 종종걸음을 친다. 아마도 봄이 옴에 대한 겨울의 시샘일 듯하다. 아니면 영화롭던 날들을 뒤로하고 밀려나는 겨울의 마지막 몸부림일 것이다. 지난겨울 한반도를 포함한 동아시아를 지배했던 시베리아 기단이 지난날의 영화로움에 대한 아쉬움을 자신의 가장 큰 개성인 추위로 그 잔영을 남기고 있다. 시베리아 기단은 겨울 코트를 서둘러 벗은 자들에게 자신의 시대가 아직 끝나지 않았음을 웅변하고 있다.
　우리 속담에 '부자가 망해도 3년은 간다' 그리고 '썩어도 준치'라는 말이 있다. 영화로운 시대가 지나 한물갔을지라도 그 자존심과 존재감은

봄에 내린 폭설. 잠시 봄을 맛본 세상에 때아닌 추위가 찾아왔다. 말 그대로 꽃샘추위이다.

어느 정도 여전함을 강조하는 말이다. 시베리아 기단을 앞세워 수개월 동안 한반도뿐만 아니라 동아시아 일대를 지배하던 겨울이 지구 공전으로 인하여 봄에 밀리고 있음에도 간간히 그 세력을 내비치는 형국이 마치 그와 같다. '가는 세월에 장사 있냐'는 듯 다가오는 봄에게 겨울이 '인생지사 새옹지마'라고 답하며 다시 올 겨울을 예고하는 듯하다.

 계절은 끊임없이 돌고 돌며 우리의 자연을 지배한다. 그런데 이렇게 변화하는 계절과 계절 사이에는 반드시 과도기가 있는 법이다. 바로 지금이 그 과도기이다. 사람들은 이 과도기의 이름을 예쁘고 살갑게 '꽃샘추위'라고 지어 주었다. 봄날에 꽃이 피는 것을 시샘하는 듯한 추위를 네 자로 줄여서 부른 이름이다.

 봄이 되면 시베리아 기단은 그 세력이 약화된다. 그리고 기단의 일부가 분리되면서 그 틈새로 중국 대륙에서 발달한 양쯔강 기단이 파고들어, 점차 세력의 범위를 넓히며 한반도로 밀려온다. 이들은 보통 3~4일 간격으로 번갈아 한반도를 지배한다. 저기압이 지날 때는 봄비가 온다. 그 봄비는 대지를 적시고 초목에 생기를 주어 꽃봉오리를 틔우게 한다. 이를 시샘하는 추위가 꽃샘추위다. 북쪽으로 후퇴했던 시베리아 기단이 잠시 세력을 회복하여 한반도를 움츠러들게 하는 일시적인 추위다. 꽃샘추위가 한겨울 추위 정도의 한기를 가진 것은 아니지만 이미 봄을 맛보고 있는, 아니면 마음으로 봄을 받아들인 이 시기에는 상대적으로 더욱 차게 느껴질 수 있다.

한반도는 꽃샘추위로 인하여 남녘의 산수유, 유채 등의 꽃 소식을 잠시 뒤로 늦추어야 할 듯하다. 아파트 창문으로 들어오는 따사로운 햇빛이 영하의 바람 자락에 오들오들 떨고 있다. 말 그대로 춘래불사춘春來不似春이다. 봄이 왔으나 봄 같지 않은 날씨다. 꽃샘추위를 봄샘추위라고도 부른다. 아마도 봄이 아름다운 것은 이런 추운 겨울의 시샘을 이겨 내고 꽃을 피웠기 때문이 아닐까 생각해 본다. 아름다운 것은 샘을 많이 받기 마련이다. 봄은 이제 겨우내 꽁꽁 숨기며 키워 왔던 생명 잉태의 꿈을 실현해 가고 있다. 꽃샘추위는 자연이 꽃들에게 그리고 사람들에게 봄의 싱그러움을 더욱 소중하게 여기라고 주는 통과의례다. 나는 올해도 자연이 주는 통과의례를 기꺼이 맞이한다. 두 손으로 옷깃을 여미면서 말이다.

호랑가시나무의 북방 진출기

 서해안의 변산 일대를 자주 찾는다. 멀리 지평선 너머로 흐릿한 산의 선형이 눈에 들어온다. 변산邊山이라는 지명이 실감 난다. 호남평야의 언저리에 높게 자리 잡은 변두리 산임에 틀림없다. 석양에 변산의 옆구리를 따라 만들어진 해안 도로를 달리면 황홀한 서해안 낙조의 아름다움을 만끽할 수 있다. 이 해안 도로 한쪽에 작은 포구 모항이 자리하고 있다. 차를 갓길에 대고 모항의 백사장과 저물어 가는 붉은 태양, 저녁노을에 반짝이는 갯벌 등 아름다운 주변 경관을 둘러보다가 눈을 돌려 산 쪽을 바라보았다. 그곳에는 호랑가시나무 군락지가 있었다.
 이 호랑가시나무 군락은 천연기념물이다. 호랑가시나무란 이름은 봄철에 호랑이가 등이 가려울 때 잎 가장자리에 돋아난 가시로 등을 긁는다 하여 '호랑이등긁기나무'라고 부른 데서 유래하였다고 한다. 동백나무처럼 잎이 단단한 경엽수이자 난대성 식물이며, 암수가 서로 다르고

전북특별자치도 부안군 모항의 호랑가시나무 군락지(천연기념물). 이곳 모항은 우리나라에서 난대성 식물인 호랑가시나무가 자생하고 있는 최북단 군락지이다.

빨간 열매를 맺는다. 잎 모양과 나무 모양이 예뻐서 조경수로 많이 이용되고 있다. 이곳의 군락지가 천연기념물로 지정된 이유는 난대성 식물인 호랑가시나무가 자생하고 있는 최북단 군락지, 즉 호랑가시나무의 북한계선이기 때문이다.

그런데 여기서 많은 사람들이 헷갈리는 것이 하나 있다. 북한계선北韓界線의 의미이다. 대개의 경우 북한계선을 '북한-계선'으로 잘못 읽는데, 이는 아마도 우리의 반쪽인 북한이라는 말에 너무 익숙하기 때문일 것이다. 이 개념을 제대로 이해하기 위해서는 '북-한계선'으로 띄어 읽어야 한다. 이렇게 읽어야만 '북쪽 한계선'이라는 의미를 정확히 전달할 수 있다.

북한계선은 어느 식물이 자연 상태에서 스스로 자랄 수 있는 북쪽 한계선이라는 의미의 지리 용어이며, 한반도와 같이 남북으로 길게 뻗은 반도 국가에서 많이 사용된다. 특히 기온의 지배를 많이 받는 난대성 식물에 자주 적용되는데, 한국지리 교과서에 자주 등장하는 우리나라 대나무의 북한계선, 차의 북한계선 등이 그것이다. 이곳 모항은 호랑가시나무의 북쪽 한계선이다. 식물이 자랄 수 있는 북쪽 한계선을 결정하는 기후 요소는 기온이다. 예를 들어, 대나무는 가장 추운 달(최한월, 1월)의 평균 기온이 −3℃ 이상, 차나무는 0℃ 이상이어야 자랄 수 있다. 같은 위도에 있더라도 지형, 바다 등 기후 인자의 영향을 받기 때문에 북한계선은 직선으로 나타나지 않는다. 식물 지리에서는 이 점을 중시하여 식생이 기후에 따라서 어떻게 달라지는가에 많은 관심을 갖는다. 모항의 호랑가시나무 북한계선은 위도상으로 내륙보다 해안이 더 북쪽으로 나타난다. 그 원인은 바다에 접해 있기 때문에 내륙보다 온도 변화가 적고, 겨울철에 따뜻하기 때문이다.

　최근에는 지구 온난화의 영향으로 한반도의 기온이 상승하면서 식물들의 북한계선 또한 북상하고 있다. 그 결과, 난대성 식물들의 분포 공간이 넓어지고 있다. 인간들의 생태계 교란으로 빚어지는 이런 현상들은 크게 우려해야 할 일이다. 기온의 지배를 가장 크게 받는 작은 식물들의 변화에 관심을 가질 필요가 여기에 있다. 식물들이 온전한 모습으로 우리의 곁을 지키면서 살아갈 수 있도록 보다 애정을 가져 보자.

산사에서 내화수림대를 보다

고즈넉함을 지닌 주변의 유명 사찰을 자주 가곤 한다. 산사의 입구에서 절의 경내임을 알리는 일주문을 지나 부처님을 모신 대웅전에 이르기까지 걷는 산사의 길은 자연과의 조화를 주기에 충분하다. 사찰로 가는 길에는 작은 계곡물이 흐르는 개울이 있다. 키 큰 침엽수림이 마치 호위무사라도 된 듯 산사의 입구에 도열해 있다. 모든 요사채들은 자연의 능선과 지형 등을 거스르지 않고 스스로 자연의 일부가 되어 있다.

자주 찾는 사찰 중의 하나가 고창군에 위치한 선운사다. 선운사 경내를 돌아보고 대웅전의 문살 너머로 부처님을 알현한 후 건물을 돌아서 뒷마당으로 가곤 한다. 대웅전을 비롯한 건물들의 뒤에는 건물과 일정한 거리를 두고서 축대를 쌓아 두었다. 그 축대 위에서 산 쪽으로 약 20미터 거리에는 나무를 심지 않은 풀밭이 있다. 그리고 풀밭 위쪽으로 숲이 조성되어 있다. 이 숲에는 동백나무, 비자나무 등의 활엽수가 심어져

전북특별자치도 고창군 선운사의 숲(출처: 문화유산청). 절의 숲에는 산불을 방지하려는 지혜가 있다.

있다. 소나무, 전나무 등과 같은 침엽수는 사찰의 건물에서 최대한 멀리 떨어져 있다. 보통 동백나무 숲 등의 아래에서는 차나무, 맹문동 등이 자란다. 이처럼 사찰의 경사지에는 먼저 맹문동과 차나무와 같이 음지식물이나 관목이, 다음으로 동백나무 등의 활엽수림이, 그 위로 소나무 등의 침엽수림이 순서대로 식생의 띠를 형성한다.

  사찰 주변의 식생 배치에는 사찰을 화재로부터 방어하기 위한 스님들의 지혜가 담겨 있다. 사찰의 건물은 목조 건물이어서 화재에 매우 취약하다. 그래서 산불이 날 경우를 대비해서 사찰 건물로부터 일정 거리 안에는 나무를 심지 않는다. 사전에 불쏘시개를 제거하는 것이다. 숲에는 상대적으로 불에 잘 견디는 수종인 동백나무나 비자나무 등과 같은 수종을 심는다. 반면에 송진 등을 가득 안고 있는 소나무 등은 사찰로부터 가능한 한 멀리 두었다. 사찰 주변에서 활엽수보다 침엽수를 멀리한 것은 산불 이동을 최소화하려는 의도이다. 산불은 건조한 초봄에 주로 발생하는데, 이 시기에 상록수인 침엽수는 나뭇가지에 잎을 무성히 가지고 있다. 이 나뭇가지는 산불에 재료를 공급하는 기능을 한다. 반면 활엽수는 모든 잎을 떨어뜨려 나뭇가지만 앙상한 채로 서 있다. 산불은 바람에 날아다니는 성향이 있는데 나무의 수관樹冠이 앙상한 활엽수는 산불의 이동 속도와 강도를 낮추기에 적합하다.

선운사의 동백나무 숲은 그 대표적인 사례이다. 동백나무는 산불로부터 사찰 건축물을 보호할 목적으로 심은 대표적인 수종이다. 이처럼 불에 잘 견디는 수종을 중심으로 조성한 숲을 내화수림대耐火樹林帶 또는 방화수림대防火樹林帶라고 한다. 사찰에 가면 대웅전 뒤에 일정한 띠를 형성하면서 자리하고 있는 나무와 숲을 볼 수 있다. 내화수림대는 사찰의 목조 건물을 보호하기 위해 스님들이 오래전부터 지혜에 지혜를 이어서 조성한 인공림이다. 실례로 산불이 잦은 강원특별자치도 고성군 일대의 사찰들은 내화수림대로 산불 피해를 낮추기도 하였다. 또한 내화수림대는 화재 보호와 함께 사찰 주변에 멋진 자연경관을 만들어 주어서, 우리가 자연 속의 일원으로서 자연과의 조화를 이루며 살아가는 아름다움을 저절로 알게 해 주고 있다.

지리산은 높이마다 식생의 모습이 다르다

 늦가을에 모처럼 시간을 내어 가족과 함께 지리산으로 드라이브를 떠났다. 남원 지리산의 육모정을 지나 정령치의 가파른 고갯길을 엔진에 힘을 주며 힘겹게 올랐다. 하지만 정령치 휴게소는 늦가을의 지리산 풍광을 즐기려는 사람들로 이미 만원이었다. 다시 자동차를 몰아 성삼재로 향했다. 산간 도로마다 자동차가 가득 차서 주변 풍광을 감상할 여유를 갖기도 만만치 않았다. 30여 분 후에야 성삼재 휴게소에 진입하였다. 역시 빼곡한 주차장에 겨우 주차하고 부리나케 지리산 능선으로 발걸음을 재촉했다. 성질 급한 나무들은 이미 단풍을 땅에 떨구고 난 뒤였다. 그나마 늦게까지 버텨 준 나무들의 단풍이 눈에 들어왔다. 여름의 무성함과 대비되게 가을의 산은 자신의 속내를 서서히 드러내고 있었다.
 게으른 산악인들을 위하여 산중턱이 몽땅 자동차 도로로 포장되어 있다. 군사 도로를 확대 포장하여 만든 이 길이 지리산의 생태계를 파손하

지리산과 같은 높은 산의 식생은 해발 고도가 지배한다. 사진의 안내판은 성삼재를 기준으로 다른 분포를 보이는 지리산의 식생을 설명하고 있다.

는 지름길이 되고 있어서 안타까운 생각이 들었다. 환경 문제가 나와 따로 있는 것이 아니었다. 노고단으로 발길을 옮기는 중에 멀리 시야가 트이는 곳을 바라보니 안내판이 하나 서 있었다. 우리의 산하를 설명해 주는 꽤 세련된 표지판으로, 지리산 노고단 주변의 식생 분포를 보여 주고 있었다.

식생은 기본적으로 기온의 지배를 받는다. 기온은 태양의 복사열에 따라서 달라지는데, 이는 위도와 고도에 영향을 받는다. 기온은 적도로 갈수록 높아지고 고위도로 갈수록 낮아진다. 해발 고도도 기온을 지배한다. 해발 고도가 높아질수록 기온은 낮아진다. 산에서는 보통 100m 올라갈 때마다 기온이 0.5~0.6℃씩 떨어진다고 알려진 바 있다. 높이 오를수록 태양의 복사열이 적어지고 공기 중의 열이 낮아지기 때문이다.

이와 같은 해발 고도에 따른 기온의 차이는 식생에 밀접한 영향을 준다. 해발 고도 1,100m 이상인 지리산에도 이 원리가 적용되고 있다.

　지리산은 산의 높이에 따라서 기온이 달라지고, 기온의 지배를 받는 식생의 분포도 달라진다. 지리산의 식생은 성삼재(1,100m)를 기준으로 위로는 냉대림冷帶林이, 아래로는 온대림溫帶林이 분포한다. 침엽수림 계통의 나무가 중심을 이루는 냉대림에는 구상나무, 가문비나무, 신갈나무 등이, 활엽수림 계통의 나무가 중심을 이루는 온대림에는 참나무, 소나무, 서어나무 등이 있다. 이보다 더 높고 추운 곳에서는 키가 작은 나무, 즉 관목이 자란다. 이렇게 키를 낮춘 것은 이곳의 추위와 바람에 대한 적응 결과다. 그러나 지리산의 안내 표지판에는 냉대림이 한대림寒帶林으로 표기되어 있다. 기후 분류로 보면 한대 기후는 냉대 기후보다 더욱 추운 기후대다. 그러므로 지리산 표지판의 한대림은 냉대림으로 고쳐 표기하는 것이 더 적합하다.

　지리산은 높이에 따라서 식생 분포가 다르기 때문에 정상으로 올라갈수록 나무들의 모습이 점점 바뀐다. 등산로 주변의 나무와 풀에 눈길을 돌려 보면 그 변화를 쉽게 알아챌 수 있다. 아마도 높이에 따라서 달라지는 자신들의 모습을 봐 달라고 붉게, 푸르게 그리고 노랗게 옷을 갈아입는지도 모르겠다.

환경 적응의 기억 코드, 편향수와 방풍림

 학생들과 종강 모임을 갖기 위해 부안의 모항 포구를 찾았다. 이곳은 모 방송국에서 인기리에 방영된 드라마 '불멸의 영웅, 이순신'의 바닷가 전투 장면을 촬영하면서 널리 알려졌던 곳이다. 포구에는 해안을 따라 서쪽으로 사빈이 펼쳐져 있고, 그 사빈을 따라서 사구가 발달해 있으며, 사구를 보호하기 위한 장치를 하고 초목들을 심어 두었다. 사람들의 간섭으로 인하여 사구가 파손되지 않도록 목책을 세워 두었으며, 바람에 모래가 날아가지 않도록 해당화, 억새 등을 심어서 모래 언덕의 안정감을 높였다. 그리고 사구의 정점에는 소나무를 빼곡하게 심어 두었다.
 거북의 등가죽처럼 깊게 팬 붉은 껍질로 켜켜이 감싸인 모항의 소나무들은 세월의 무게를 담아내고 있다. 붉은색을 띤 자태는 아름다움을 뽐내기에 충분하다. 이 소나무들의 역할은 바다에서 불어오는 바람을 막아 주는 일이다. 그래서 이러한 소나무들을 방풍림防風林이라고 한다.

전북특별자치도 부안군 모항의 방풍림. 오랜 세월 마을을 지키기 위해 바다로부터 불어오는 바람을 막다가 한쪽으로 몸이 휘어 버렸다.

방풍림의 뒤쪽으로는 이 숲의 혜택을 받는 마을이 들어서 있다. 방풍림 뒤 마을은 어촌 생활뿐만 아니라 해안의 지형과 식생을 한꺼번에 살펴보기에 적합한 곳이다. 인문 지리와 자연 지리를 동시에 공부할 수 있는 곳이어서 학생들과 자주 이곳으로 답사를 온다.

  방풍림은 조석으로 변하는 해륙풍의 접점 지역에 존재한다. 육지와 바다는 비열의 차이 때문에 가열되는 속도가 다르다. 육지는 빨리 데워지고 빨리 식는 반면, 바다는 느리게 데워지고 느리게 식는다. 이로써 낮에는 바다가 고기압을, 밤에는 육지가 고기압을 형성하는데, 이 차이로 인하여 낮에는 바다에서 육지로 해풍이, 밤에는 육지에서 바다로 육풍이 분다. 그러나 바다가 훨씬 크고 변화무쌍하기 때문에 해풍의 영향이 더욱 세다. 특히 바다에서 불어오는 태풍을 비롯한 강풍은 불청객이다.

방풍림은 이런 해풍으로부터 육지에 있는 삶터를 보호한다.

 방풍림은 여름의 태풍이나 겨울의 북서 계절풍을 대비해 바닷가에서 1차적으로 저항선을 형성하며 비바람의 풍상을 고스란히 나무에 새기게 된다. 모항의 소나무들은 내륙 쪽으로 휘어져 있다. 소나무가 수십 년 동안 성장해 오면서 바닷가에서 불어오는 강한 바람을 맞으면서 휘어진 것이다. 일정한 방향으로 휘어진 소나무 가지들을 살펴보면, 바닷가 쪽, 즉 바람이 불어오는 쪽에는 나뭇가지가 덜 발달한다. 당연히 나뭇잎도

강원특별자치도 속초시 설악산 신흥사 입구의 편향수. 나무 기둥을 중심으로 바람을 맞는 쪽의 가지와 잎이 훨씬 덜 발달한 것을 알 수 있다.

적다. 그 반대편은 상대적으로 가지와 잎이 무성하게 발달한다. 이렇게 나무 기둥을 중심으로 나뭇가지들이 균형 있게 자라지 못하고 비대칭적인 상태로 자란 나무를 편향수偏向樹라 한다. 아이러니하게도 나무가 바람에 시달리는 대신 어촌 사람들은 편안한 삶을 살아간다. 그래서 한쪽으로 허리가 휜 방풍림 뒤에는 키 낮은 집들이 모여 있다.

　나무는 지역의 기후에 적응하면서 자란다. 그리고 그 지역의 기후를 자신의 몸에 문신처럼 각인해 둔다. 세월의 풍상을 자신만의 기억 코드에 저장해 두고서 자연을 거스르지 않는 환경 적응의 전형을 보여 준다. 그래서 편향수는 좁은 지역의 기후를 이해하는 데 중요한 지표가 되고 있다. 여름 바닷가에서 시원한 그늘을 드리워 주는 방풍림이나 등산을 할 때 능선에 줄지어 서 있는 침엽수림을 주의 깊게 살펴보면 편향수를 만날 수 있다.

열섬이 최고 온도 지역을 바꾼다

최근 기상청은 전국에서 가장 더운 곳이 바뀌고 있다고 예보한다. 한국에서 가장 더운 곳의 대명사는 대구였는데 요즘엔 어김없이 전주도 최고 온도 지역의 반열에 오르고 있다. 그리고 그 주요 원인으로 전주의 난개발이 지목되고 있다. 무분별한 도시 개발이 전주 도심에 열섬 현상을 가져와 높은 기온을 이끌고 있는 것이다.

열섬heat island 현상은 도시 지역에서 나타나는 기후 현상이다. 도심의 온도가 주변 지역보다 높아서 기온 분포를 보여 주는 등온선이 섬과 비슷한 형태를 띤다고 해서 붙여진 이름이다. 대규모 주거 단지, 상업 시설의 개발과 이로 인한 녹지 면적의 축소, 냉난방기의 과다 사용 등으로 인한 인공열과 대기 오염 물질의 배출이 원인으로 지적된다.

전문가들은 전주의 열섬 현상 원인으로 도시의 바람길 차단을 들고 있다. 전주의 지형은 동서로 기다랗게 형성된 분지盆地의 형태이며 그중

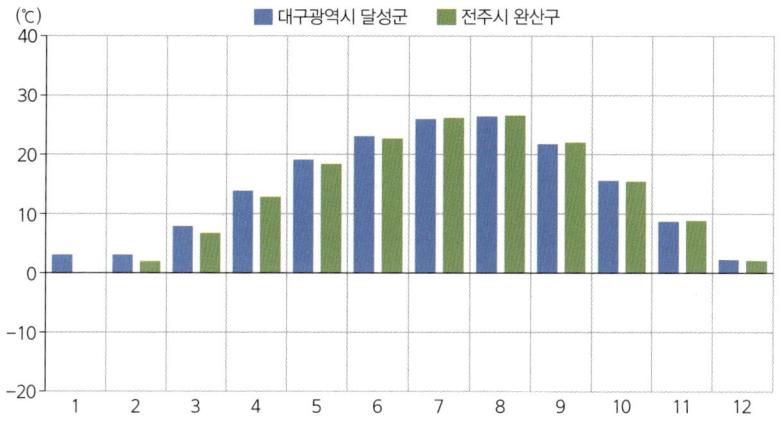
대구와 전주의 월평균 기온(1991-2020년) (출처: 기상청 기상자료개방포털)

 서풍이 불어오는 길목인 서쪽 방향은 평야부와 연결되어 있다. 그런데 이 서풍의 길목이 전주시의 무분별한 도시 확대로 인하여 고층 빌딩 및 고층 아파트로 채워지면서 바람의 흐름이 막히게 되었다. 아파트 단지가 형성되면 건물 간의 풍속은 빨라지지만 전반적인 바람의 속도는 느려진다. 서쪽의 이 고층 건물들은 전주를 완전한 분지로 만들어 도시 내부를 덥히고 있다. 그리고 전주 시가지의 급격한 확장으로 녹지대가 줄어들고 피복율被覆率이 높아진 것도 열섬 현상의 원인이다. 열기를 흡수하는 지표 위에 포장된 아스팔트, 콘크리트는 도시의 녹지대를 감소시켜 숲을 사라지게 하고 하천이나 호수 등의 습지를 없애며 도시의 열기를 반사하면서 공기 중 온도를 높인다. 이는 곧 도시의 산소 공급원이 제거되고 열기를 식혀 줄 근본적인 토대를 무너뜨리고 있는 것과 같다.
 이런 열섬 현상을 바로잡아서 전주시의 기후 환경을 개선하기 위해서는 먼저, 전주시의 바람길 확보가 급선무이다. 아파트를 건설할 때 건물 형태를 서풍을 막는 남북 방향보다는 동서 방향으로 배치하고, 건물 형태를 ㅁ자와 ㄷ자로 건축하는 것을 지양하며, 아파트의 높이를 제한할 필요가 있다. 다음으로는 녹지 공간의 확보이다. 도시 내에 가로수를 심고 호수 공원을 조성하며 불가피하게 도로를 만들 때에도 숲이나 녹지 공간의 파손을 최소화해야 한다. 또한 고층 건물의 옥상에는 하늘 공원을 조성하여 도시가 숨을 쉬고 열기를 흡수할 수 있도록 한다. 다음으로는 이런 대책을 시행할 수 있는 제도적 근거를 마련하는 일이다. 열섬 현상 감소를 위한 조례를 제정하여 공공의 이익을 위한 건물 형태의 제한, 주차장의 지하화, 수변 공원의 조성, 공원 면적 확보의 의무화 등을 시행해야 한다.

  열섬은 사람들의 무분별한 행위로 인한 결과이다. 그러기에 사람들의 노력을 통하여 충분히 개선할 수 있다. 개인적으로는 날씨에 자연스럽게 적응하며 사는 것이다. 그중에서 우리가 할 수 있는 작은 일은 냉난방에서 적정 온도를 유지하는 것이다. 그리고 제도적으로는 시민과 자치 단체들이 장기적인 삶의 질을 유지 발전시키는 데 기후 조건이 중요함을 인식하고, 이 문제를 해결하기 위한 정책 입안과 실천을 위한 협치를 해 나가는 것이다.

태백산맥을 삼킨 화마의 일등공신, 높새바람

　최근 강원특별자치도를 비롯한 동해안 지역에서 자주 산불이 발생하는 것을 보면서 식목일을 마지막 국가 기념일로 보내던 2005년이 생각난다. 광복과 함께 빚어진 한국 전쟁의 상처를 고스란히 떠안은 한반도는 상처투성이였다. 전쟁의 참화로 황폐해진 땅에서 산천의 초근목피草根木皮로 보릿고개를 연명함으로써 국토는 벌거숭이가 되었다. 이런 산천에 속성수速成樹를 심어 가꾸던 행사가 식목일이었다. 그런데 이날, 마지막 국가기념일을 자축이라도 하듯이 전국은 산불로 가득했다. 그중에서 고성 지역 비무장 지대와 양양 일대가 매우 큰 피해를 입었다. 붉은 화마는 단 며칠 만에 태백산맥 동쪽을 잿더미로 만들었다.
　산불의 조건은 건조한 날씨와 풍부한 화목火木, 충분한 산소 공급이다. 양양 지역은 이런 산불의 조건을 충분히 갖추고 있었다. 먼저, 지형적으로 이 지역은 높새 현상으로 인하여 연일 건조한 날씨를 유지하고 있었다. 한반도의 봄철 기압 배치도를 보면 남서풍이 주로 부는데, 이것이 태백산맥과 만나면 그 성질에 변화가 생긴다. 즉, 남서풍은 태백산맥을 넘으면서 습윤 단열 감율에 의해서 기온이 약 0.5~0.6℃/100m씩 떨어져 수증기가 응축되어 비를 뿌린다. 이렇게 비를 뿌리고 태백산맥 준령을 넘은 바람은 건조한 상태가 된다. 이 바람은 점차 산 아래로 내려오면서 건조 단열 감율에 의해서 기온이 약 1℃/100m씩 상승하여 고온 건조한 바람으로 변한다. 이 바람을 높새바람이라고 부른다. 이 현상이 수일간 진행되면서 양양 지역은 매우 건조한 날씨가 형성되어 있었다.

또한 우리나라의 삼림 지역은 나무를 간벌하여 많은 화목을 산에 축적하고 있었다. 산림을 관리하는 행정부서가 간벌을 하고 난 뒤 나무들을 치우는 데 늦장을 부려 이들이 때마침 좋은 땔감이 된 것이다. 간벌된 나무는 오랜 가뭄으로 말라 있어서 언제든지 몸을 불살라 등신불이 될 준비가 되어 있었다.

마지막으로 한반도의 기압 배치는 양양 지역 산불에 엄청난 산소를 공급해 주었다. 한반도의 남북에 자리 잡은 저기압은 중국 남부 지역에 발달한 고기압으로 하여금 빠른 이동 통로를 제공해 주었고, 기압골 간의 좁은 간격은 풍속을 더욱 빠르게 해 초속 20~30미터의 바람을 동반했다. 바람의 세기가 클수록 산소의 공급은 많아지게 마련이고, 높은 순간 풍속은 산불에 기름을 붓는 격이 된다. 산불을 진화하는 방법으로 맞불을 사용하는데, 이는 불과 불이 만나서 순간적으로 그 지역의 산소를 소진하게 함으로써 불길을 잡는 방법이다. 그러나 이 일대는 높은 순간 풍속으로 산소의 공급이 원활하게 이루어지고 있었다.

산불에 타기 전 눈 내린 낙산사 모습

산불에 전소된 낙산사의 황폐한 모습

양양 지역은 이런 산불의 조건을 모두 갖춘 형국이었다. 산불은 그 위세에 걸맞게 양양 일대의 태백산맥을 초토화했고 천년 고찰인 낙산사도 한입에 삼켜 버렸다. 새삼 산불의 위용을 느낀다. 앞으로 생명의 기운이 움트고, 그 생명이 다시 씨를 뿌리고, 새로운 종이 날아와서 뿌리를 내리고, 나무가 크고 자라서 숲을 이루는 데는 오랜 시간이 걸릴 것이다. 다시 인내를 가지고 생태계의 회복을 지켜봐야 함이 안타깝다. 다만 걱정되는 것은 화마에 지나치게 약한 침엽수림을 중심으로 복원 사업을 하고 있다는 점이다.

강력한 폭풍 바람, 양간지풍이 분다

속초의 설악산 아래에 자리 잡은 리조트에서 며칠 숙박을 하였다. 설악산이 진정 바위로 이루어진 악산임을 보여 주기에 충분한 울산바위가 병풍처럼 자리하고 있다. 리조트에서 올려다보이는 울산바위의 위용은 더욱 웅장해 보였다. 설악산을 찾는 큰 이유 중의 하나가 이 울산바위를 보고 오르는 재미일 것이다. 낮에는 설악산 일대를 산행한 후 다시 숙소인 리조트로 돌아와 쉬고 피곤한 몸을 이끌고 잠을 청하였다.

늦은 밤에 거칠고 강한 바람이 불기 시작하였다. 리조트의 각종 시설물이 밤새 요동을 치면서 날아다녔다. 강력한 바람은 순간 이동을 하면서 엄청난 바람 소리를 내었다. 마치 여름철에 불어오는 태풍인 줄 착각할 정도로 초고속의 강한 바람이었다. 강풍은 밤새 불어 댔다. 아침에 리조트 주변을 돌면서 지난밤의 강풍이 일으킨 사고 현장을 돌아보았다. 나뭇가지가 꺾이고 시설물들이 주변에 나뒹굴고 있었다. 지역 주민들은

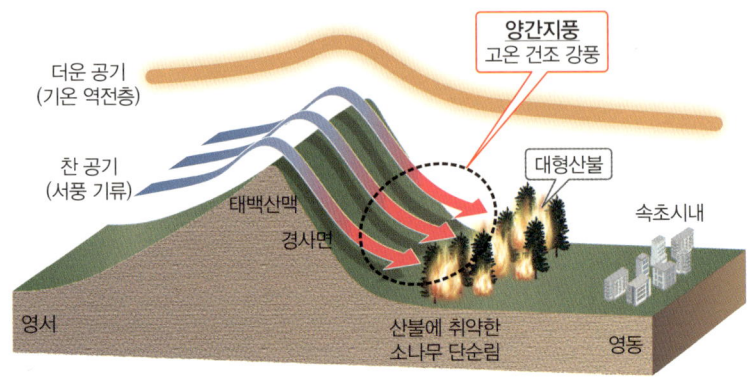

양간지풍의 원리

이 바람을 양간지풍襄杆之風이라고 부르고 있다.

양간지풍은 강원특별자치도의 양양과 간성(현재는 고성) 사이에 부는 강한 지방풍이다. 봄철에 편서풍이 태백산맥을 넘어 영동지방인 양양과 간성 사이에서 강하게 부는 현상을 일컫는 말이다. 우리나라는 봄철로 계절이 바뀌면 한반도의 남쪽에 고기압이, 북쪽에 저기압이 형성되면서 기압골이 발생하여 서풍이 분다. 이 서풍이 태백산맥을 넘으면서 높새 현상이 형성되고 영동지방에 고온 건조한 바람이 불어온다. 양간지풍은 봄철과 함께 늦가을~초겨울에도 발생 빈도가 매우 높다. 이 바람은 초속 20미터 이상에 이르는 등 거의 태풍급 풍속을 지니고 있다. 양간지풍이 이처럼 강한 풍속을 가지게 된 데는 태백산맥의 지질구조선과 밀접한 관련이 있다. 이 강풍은 '태백산맥에서 북동-남서 방향으로 영서 지역까지 이어진 지질구조선과 태백산맥을 동-서로 넘나드는 데 이용되어 온 주요 고개가 연결된 지역을 중심으로'(최광용, 2020) 발생 빈도가

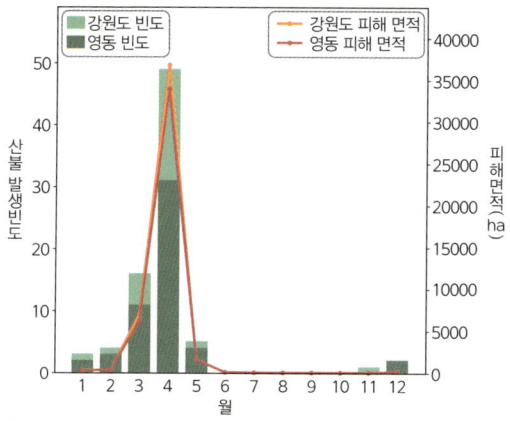

강원도와 영동 지방 피해 면적 30ha 이상의 산불 발생 빈도(1979-2023)
(출처: 염나은 외, 2024, 강원도 영동지역 봄철 대형산불의 시공간적 패턴 및 기후학적 프로세스 연구, 대한지리학회지 59(3), 405)

높다. 이 일대는 '우리나라 북동 해안 지역으로 뻗은 지질구조선을 따라 편서풍이 수렴되는'(최광용, 2020) 자연 조건을 지니고 있다. 영서지방에서 불어오는 바람이 상대적으로 좁은 지역을 통과하면서 풍속이 높아져 강풍인 양간지풍이 발생한다.

고온 건조한 강풍의 특성을 가진 양간지풍이 부는 시기에 산불이 발생하면, 영동지방에 엄청난 인명과 재산상의 피해를 일으키기도 한다. 양간지풍으로 인해 피해가 크게 발생한 산불로는 1996년 고성 산불, 2004년 속초와 강릉 산불, 낙산사를 불태운 2005년 4월 강릉 산불, 2017년 강릉과 삼척 산불 등이 있다. 양간지풍의 산불 피해는 『조선왕조실록』에도 기록되어 있을 정도로 오래되었다. 그래서 영동지방의 주민들은 양간지풍을 불바람이라는 뜻에서 화풍火風이라 부르기도 한다.

영동지방에서는 양간지풍이라는 지방풍을 경험할 수 있다. 양간지풍이 아무리 강하게 불지라도, 이 일대의 태백산맥은 끄떡하지도 않고 그 자리를 지키고 있다. 해가 질 즈음에 양간지풍이 다시 불어오기 시작한다. 하지만 어두운 밤에 부는 강력한 양간지풍의 위세를 시험하려고 대들 필요는 없다. 영서지방을 넘어와서 풍속을 통제할 수 없을 정도로 빠르고 강한 바람은 피하는 게 상책이다. 그리고 우리 모두 위풍당당한 태백산맥 자락에 자리한 영동지방에서 양간지풍이 산불의 화마로 변하지 않도록 세심한 주의를 기울일 필요가 있다.

안반데기의 고랭지 배추

 여름의 끝자락에 강원도 평창으로 여행을 갔다. 평창은 동계올림픽이 열렸던 곳으로 각종 동계 스포츠 시설과 리조트 등이 많이 있다. 늦은 아침을 먹고 평창 인근의 고위 평탄면에 위치한 안반데기로 향했다. 강릉시와 평창군의 경계에 위치한 마을로 가기 위해서는 태백산맥의 준령들을 더 올라야 했다. 산길을 굽이굽이 돌아서 마을을 알려 주는 이정표를 지나니 곧 안반데기 마을의 입구가 나타났다. 그곳에는 색바랜 트래킹 로드 안내판과 마을 안내도가 세워져 있었다.
 안반데기 마을은 험준한 두 개의 산줄기가 만나는 골짜기에 포근하게 자리하고 있다. 마을에는 30여 호의 농가들이 모여 있고, 가옥의 지붕은 붉은색, 파란색, 지중해식 기와 등을 하고 있다. 펜션, 모정, 비닐하우스, 창고, 물탱크 등과 함께 전기를 공급해 주는 전선주와 전기선이 어지럽게 마을로 이어져 있다. 산간 지역이어서 농가와 농가 간의 거리가 떨어

안반데기의 전경. 고위 평탄면에 자리한 마을과 농지를 볼 수 있다.

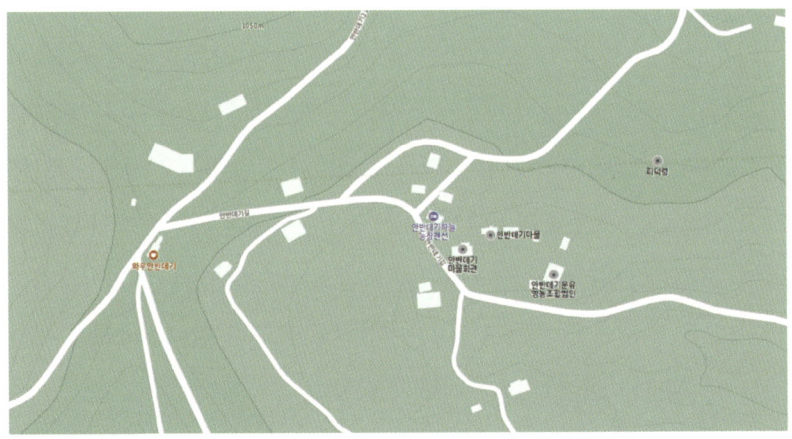

안반데기 마을 지도. 마을의 집들이 흩어져 분포하고 있다.

져 있다. 안반데기 주변 경사면의 밭에는 출하를 기다리는 배추들이 빼곡하게 자라고 있고, 능선에는 풍력 발전을 위한 거대한 바람개비가 하얀 자태를 뽐내고 있다. 밭의 배추는 일정한 크기로 묶여 출하를 기다리

안반데기 밭의 배추

고 있다. 산 능선에 빼곡하게 일정한 간격으로 도열해서 재배 중인 배추밭 사이로 트랙터 등 농기계가 다니는 황톳길이 인상적이다.

안반데기는 안반덕(더기)의 강릉 사투리이다. 안반의 사전적 정의는 반죽을 하거나 떡을 칠 때에 쓰는 두껍고 넓은 나무판이다. 안반데기는 이곳 지형이 마치 떡을 치는 안반과 닮았다는 데서 연유한 지명이다. 이 마을은 해발 고도 1,100m의 고위 평탄면에 위치하고 있다. 피덕령을 중심으로 옥녀봉과 고루포기산을 두고 있으며, 그 사이에 농경지가 펼쳐져 있다. 기온은 고도가 100m 상승할 때마다 0.5~0.6℃씩 떨어지기에 이곳의 기온은 다른 지역에 비해서 5~6℃가 낮다. 이런 조건은 고랭지 농업에 적합한 입지라고 할 수 있다. 그래서 이곳은 배추를 해발 고도가 낮은 지역보다 빨리 출하하여 수익을 올린다. 안반데기는 멀리 풍력 발전기를 배경으로 봄과 가을에는 호밀의 초원, 여름에는 배추밭, 겨울에는 하얀 설경의 풍광을 지닌 곳이다.

　안반데기는 환경 개발과 환경 적응을 보여 주는 마을이다. 1965년 무렵 미국의 원조 양곡을 받은 화전민들이 국유지 개간의 허가를 받아서 개간하였다. 화전민들은 안반데기의 강한 바람과 추위를 견딜 수 있는 낮은 골짜기에 귀틀집을 지어서 정착하였다. 나무, 잡초, 돌 등으로 가득한 경사지의 거친 땅을 농사를 지을 정도의 옥토로 바꾸어 왔다. 이곳에서 밭일을 하는 데 중요한 동력은 소였다. 소를 이용하여 밭을 갈고 배추 등의 농산물을 운반하였다. 이곳은 한겨울에 너무 추워서 주민들과 소들은 상대적으로 따뜻한 강릉 쪽 마을로 피한避寒을 하여 겨울을 났다가 다시 봄이 되면 안반데기로 되돌아간다. 그래서 강릉 쪽의 마을에는 겨울철에 소를 맡겨 두고 사육을 하는 소 하숙촌이 있었다. 대관령 안반데기식의 이목移牧 방식이라고 볼 수 있다.

　너무 험하거나 경사지가 급한 곳에서는 개발의 욕심을 절제하기도 하였다. 주민들은 이곳을 개간하여 감자, 약초, 배추 등을 재배하다가, 1995년 국유지를 불하받아서 진정한 정착민이 되었다. 여기에는 대관령 일대의 화전민들을 한곳에 정착시켜서 산림을 보호하려는 정책과 공비를 토벌하기 위한 국가 안보 정책이 반영되었다. 안반데기에는 험산 준령을 개간한 화전민의 프런티어 정신이 여전히 살아 있다. 안반데기의 언덕 아래에서 그리고 언덕 위에서 배추밭 황톳길로 불어오는 상냥한 바람을 맞는다.

한자 뜯어보기

咸 다 함	咸	咸	咸	
興 일어날 흥	興	興	興	
差 어긋날 차	差	差	差	
使 부릴 사	使	使	使	

함흥 咸興
咸 : 다 함 | 興 : 일어날 흥

함흥은 함경남도에 있는 도시로 예전에는 교통의 중심지였어요. 바닷가에 있어서 어업과 공업이 발달했고, '함흥냉면'으로도 잘 알려져 있지요. '냉면' 하면 가장 먼저 떠오르는 곳 중 하나예요.

차이 差異
差 : 어긋날 차 | 異 : 다를 이

서로 같지 않고 다른 점을 말해요. 사람마다 생김새나 성격이 다른 것도 차이고, 물건의 크기나 색이 다른 것도 차이예요. 예를 들어, "키 차이가 많이 나요."라고 하면, 서로 키가 많이 다르다는 뜻이에요.

사용 使用
使 : 부릴 사 | 用 : 쓸 용

어떤 물건이나 도구를 목적에 맞게 쓰는 것을 말해요. 우리가 무언가를 할 때 도움이 되도록 그것을 직접 쓰거나 움직이는 것이지요. 물건뿐 아니라 시간, 힘, 에너지처럼 눈에 보이지 않는 것에도 '사용'이라는 말을 쓸 수 있어요.

指 鹿 爲 馬
지록위마

'사슴을 가리켜 말이라고 한다.'는 뜻으로, 일부러 사실을 숨기고 거짓을 참인 것처럼 꾸며서 옳고 그름을 뒤바꾸는 상황을 비유적으로 이르는 말이에요. 주로 권력을 이용해 거짓을 밀어붙이거나 진실을 가릴 때 사용해요.

- 누나의 **지록위마**에 속은 엄마가 너무 화가 나요.
- 지희의 행동이 **지록위마**가 아니면 무엇이란 말인가?
- 친구가 **지록위마**처럼 거짓말을 하니까 나는 속았어요.

《사기》의 〈진시황본기〉에 나오는 이야기예요.

진시황이 병으로 세상을 떠나자, 환관 조고는 권력을 차지하기 위해 모두에게 그 사실을 숨겼어요.

조고는 황제의 큰아들 부소에게 거짓 명령을 내려 스스로 목숨을 끊게 하고, 어리석고 다루기 쉬운 둘째 아들 호해를 황제로 세운 뒤에야 황제의 죽음을 알렸지요. 조고는 황제 뒤에서 나라를 마음대로 조종했지요. 하지만 거기서 멈추지 않고 황제 자리까지 노리며 모든 일을 좌지우지했답니다.

어느 날, 조고는 계략을 세웠어요. 사슴 한 마리를 데리고 와서 호해에게 말했지요.

제6장
경제 활동

원시 어업, 밀물과 썰물로 물고기를 잡다

 서해안의 부안에는 넓은 들과 아름다운 산과 풍요로운 바다가 적절하게 어우러져 있다. 부안 사람들은 일찍이 갯벌과 바다에서 어업을 통하여 그들의 강한 생활력을 보여 주었다. 새만금 방조제 공사에도 불구하고, 어민들은 오늘도 바다를 생업의 터전으로 삼아 살고 싶어 하였다. 그들은 자연의 원리인 밀물과 썰물을 이용하여 원초적인 어업 방식으로 생업을 유지하였다. 새만금 논란의 중심부인 해창 갯벌에는 갯골이 발달해 있었고, 이 갯골을 따라서 상류로 올라가면 부안댐에서 내려오는 부안천과 만날 수 있었다.

 새만금 매립이 진행되기 전에는 바다와 하천이 만나는 작은 하구를 지나가다가 물에 잠겨 있는 여러 개의 그물을 볼 수 있었다. 이곳은 폭이 좁고, 밀물과 바닷물이 하루 두 번씩 교차하는 지점이다. 이 그물의 주인은 자연의 이치를 이용하여 어업을 하였다. 주인은 썰물 때에 미리 이 길

전북특별자치도 부안군 해창에서 하던 원시 어업 그물 모습. 썰물 때 미리 쳐 둔 그물은 바다 쪽을 향해 넓게 펼쳐져 있고 뒤로 갈수록 오목하다.

목에 그물을 쳐 두었고, 그 그물은 바다를 향하여 입을 딱 벌리고 밀물을 기다렸다. 보다 쉽게 고기 떼가 그물 안으로 들어오도록 입구를 매우 넓고 높게 펼쳐 놓았다. 그리고 뒤로 갈수록 연미복 꼬리처럼 점점 좁아지는데, 그물 속으로 한번 들어온 물고기는 절대 빠져나가지 못하도록 그물의 뒷목을 오목하게 했다. 밀물에도 잘 견딜 수 있도록 그물을 말뚝에 단단히 매어 두었다. 모든 준비를 마친 후, 그물은 밀물과 함께 눈치 없이 내륙으로 밀려올 바닷물고기를 조용히 기다린다. 인간의 계략이 숨어 있는 줄도 모르고 물고기들은 바닷물에 몸을 싣고 자유로운 유영을 즐겼을 것이다. 섣불리 물고기를 놓치지 않을 만큼 촘촘한 그물코를 보니 그물의 주인은 물고기의 크고 작음을 가려서 잡을 여유는 없어 보였

경상남도 남해군 남해도의 죽방렴 모습. 밀물과 썰물을 이용하는 대표적인 어업 방식 가운데 하나로 죽방렴으로 잡은 물고기는 신선도가 높아 최고의 값을 받는다. (사진: 한국관광공사 포토코리아–김지호)

다. 어부는 썰물 때 그물을 쳐 두고 오수를 즐기거나 논에서 일을 하고 있었을 것이다.

  이와 같은 원리를 이용하는 다른 어업 방식으로는 독살 혹은 독방이 있다. 암석 해안에서는 바닷가에 돌을 둥그렇게 쌓아서 밀물이 넘어갈 수 있을 정도의 높이로 웅덩이, 즉 독방을 만든다. 그리고 밀물 때 독방에 들어왔다가 빠져나가지 못한 물고기를 잡는다. 서해의 갯벌에서 막대기를 꽂고 싸릿대나 대나무 등을 엮은 그물망을 쳐 물고기가 빠져나가지 못하도록 하는 것과 비슷하다. 또한 이런 어업 방식은 밀물과 썰물이 오가는 낮은 바다에서도 행해진다. 남해의 남해도에서는 이 방식을

충청남도 태안군의 독살 모습. 밀물에 밀려온 물고기를 썰물 때 독살에 가두어 잡는다. (사진: 김덕일)

이용하여 죽방렴을 설치해서 멸치를 잡고 있다. 이렇게 해서 잡은 멸치가 죽방멸치이다.

 이런 어업은 원시 어업의 원형을 보여 준다. 선조들이 자연의 원리를 이용하고 환경에 적응하여 만들어 낸 이런 어업 방식은 밀물과 썰물의 차이가 큰 우리나라의 서해안과 남해안의 바닷가에서 흔하게 이루어졌다. 한꺼번에 많은 물고기를 잡지는 못할지라도 살아가는 데 만족할 정도의 물고기를 잡으며 살아왔다. 이 소박한 형태의 원시 어업은 어업의 현대화, 거대화, 기계화로 인하여 그 원형의 모습을 찾아보기 어려워졌다. 그나마 원시 어업의 원형을 간직하고 있던 부안의 작은 하구도 새만금 방조제로 바닷길이 막혀 그 모습이 사라지고 말았다. 오늘도 오지 않는 밀물을 기다리며 서 있을 정치망이 안타깝다. 바다의 일부가 막히더라도 대대로 전해 내려온 원시 어업의 원형을 보존하는 일은 우리의 중요한 몫이다.

유유상종의 지혜

 집에서 멀지 않은 대로인 백제로 변에는 여관들이 밀집해 있다. 길을 지나다 보면 화려한 네온사온들이 가득 달려 있다. 울긋불긋하게 치장한 건물마다 자신의 용도를 세인들에게 보다 선명하게 부각시키려 애를 쓴다. '화려한 외출', '산타페', '홍콩', '마카오', '장미의 외출', '라스베가스' 등 이름도 다양하고, 돔 모양, 사각 모양, 첨탑 모양 등 건물의 모습도 천차만별이다. 국가 정체성도 없고 문화 정체성도 없는 국적 불명이자 정체불명의 여관들이 즐비하게 서 있다.

 이곳 여관들은 국적은 불명이지만, 돈을 좇는 자본주의의 원리를 매우 충실하게 따르면서 이익을 추구한다. 이들은 한곳에 모여야 더 많은 이윤, 즉 집적 이익集積利益을 창출할 수 있음을 알고 있다. 그런 면에서 이들은 자본주의 경제 정체성을 가지고 있다. 하나만으로는 그 존재를 세인들에게 알리기가 힘들지만, 여러 여관들이 한곳에 모이면 상대적

전주시 중화산동의 여관 거리. 같은 업종들이 모여 집적 이익을 추구하는 전형적인 예이다.

규모를 늘려 그들의 존재 이유와 가치를 높일 수 있다. 그러기에 이곳의 여관들은 수백 미터를 담장에 담장을 잇대어 넓은 여관촌을 형성하고 있으며, 그 면적이 날로 확대되고 있다. 여관촌에는 이곳을 찾는 사람들이 필요로 하는 또 다른 서비스업들도 몰려든다. 늦은 밤까지 오가는 사람들을 위하여 작은 편의점이 사거리 코너마다 들어서 있고, 술집, 노래방, 음식점들도 함께 모여 있다. 한마디로 이곳은 여관을 찾는 손님들에게 원스톱one-stop 서비스를 제공하기에 충분하다. 이런 관련 업종이 모여듦으로써 이 지역은 더욱 확장되어 가고 있다.

이와 같이 비슷한 지리적 현상들은 서로 모이면 돈이 된다. 한곳에 모이면 그 몸집이 커져 자연스러운 홍보 효과가 생긴다. 그리고 사람들의 머릿속에 그 현상을 오랫동안 각인시킬 수 있다. 더욱이 동종의 기업이나 서비스업이 모이면 선의든 악의든 서로 경쟁을 하게 되는데, 경쟁은 그 지역의 가치 창출을 이끌어 모두의 발전을 가져온다. 그리고 적절한 수준에서 서로 정보를 공유할 수 있고, 필요한 물품을 공동 구매하면 재료비, 물류비 등을 낮출 수 있다. 이런 경제 행위를 통한 이익이 집적 이익이다. 집적 이익은 관련 부품이 많은 자동차 공업에서 두드러지게 나타난다. 그러나 너무 집적하는 경우 업체간에 과다 경쟁을 낳을 수 있다. 이는 불필요하고 불급한 비용을 지출하게 함으로써 경쟁력을 떨어뜨릴 수도 있다. 그러나 적정 규모의 집적은 분명 이익을 가져다준다.

우리는 곳곳에서 이런 원리를 반영한 현상을 볼 수 있다. 가구점들이 모여서 가구 거리, 고급 옷 가게들이 모여서 도심 고급 상가, 순대 가게들이 모여서 순대촌, 꽃 가게들이 모여서 화훼 상가, 공장들이 모여서 공업 단지 등을 형성하고 있다. 이렇듯 비슷한 업종들이 모이면 돈이 되고, 돈을 벌기 위해서 다시 그 자리에 업체들이 모이는 현상은 끊임없이 나타나고 있다. 이런 현상을 유유상종類類相從의 지혜라고 할 수 있다. 오늘도 '뭉치면 살고 흩어지면 죽는다'는 어느 구호에 충실이라도 하듯이 각종 관련 업종들이 자신들의 공통분모를 바탕으로 끼리끼리 모여 살아가는 지혜를 실천하고 있다.

정비소에 앉아 연계를 배우다

아침부터 자동차가 탱크 지나가는 소리를 낸다. 너무 큰 소리 때문에 운전하기가 부담스럽다. 아마도 자동차의 소음기가 고장 난 듯하다. 그냥 차를 몰고 다니고도 싶었지만 남들의 따가운 시선이 민망스러워 어쩔 수 없이 자동차 정비소에 들렀다. 자동차를 타고 다닌 지 10년이 넘자 고장도 잦아진다. 집 앞의 정비소를 단골로 다닌 지도 꽤 오래되었다. 자동차는 늘 손질을 요한다. 정기적으로는 엔진오일이나 미션오일을 갈아주거나 냉각수를 점검해야 하고, 부정기적으로 수리를 해야 하는 경우도 발생한다.

정비소에 들어간 자동차는 수치감도 없이 크레인에 들려 속내를 드러낸다. 잠시 후, 정비사가 고장 난 소음기를 차에서 떼어 내더니 사무실로 와서 부품업체에 전화를 한다. "2015년 식 그랜저 HG 소음기 하나 빨리 가져오세요."라고. 얼마 지나지 않아 경차가 한 대 도착하고, 차 안에서

자동차 수리는 자동차 소유자인 나와 정비소 그리고 자동차 부품 도매상의 유기적인 연계로 이루어진다.

 자동차 소음기 하나가 들려 나온다. 자동차 정비용 부품의 중간 도매상으로부터 소음기가 배달된 것이다.
 정비소에서 수리가 끝나길 기다리는 동안 '연계'에 대해서 생각해 보았다. 정비소를 중심으로 보면, 자동차 수리는 자동차 소유자인 나와 정비소가 그리고 정비소와 자동차 부품 도매상의 유기적인 연계로 이루어지고 있다. 자동차 정비소는 이런 연계를 중심으로 고객에게 서비스를 제공하며, 이 연계의 정도가 정비소의 서비스 질과 수준을 결정한다. 이는 곧 고객 만족도에 직접적인 영향을 준다. 때문에 여러 가지 중요한 정비소의 입지 조건과 함께 자연스럽고 편리하게 연계가 이루어질 수 있는 장소를 선택하는 것 또한 중요하다. 자동차 정비소는 고객과의 연계가 잘 되고, 자동차 부품 중간업자와의 이동 거리를 최소화할 수 있는 장소에 입지하여 잠재 고객의 수를 극대화하고 부품의 배달 시간을 최소화함으로써 이윤을 극대화할 수 있다. 특히 부품 공급 시간을 줄여 고객이 기다리는 시간을 최단화해야 고객 만족도를 높일 수 있다. 이와 같이 정비소를 기준으로 해서 소비자와 정비소의 연계를 전방 연계, 정비소와 부품 공급 업체의 연계를 후방 연계라고 한다. 이를 굳이 정의하자면, 전방 연계는 공장, 상점 등에서 만들거나 공급하는 생산 활동을 이용하거나 소비하는 행위와 관련된 연계이고, 후방 연계는 공장, 상점 등의 생산 활동을 지원해 주는 행위와 관련된 연계이다.

우리의 일상생활 속에는 눈에 보이는 또 보이지 않는 수많은 연계가 자리하고 있다. 산업화, 정보화가 고도화될수록 연계 정도도 높아진다. 이런 전방과 후방 연계는 공장이나 상점 등의 입지를 결정할 때 매우 중요하게 고려해야 하는 요소이다. 주유소, 레스토랑, 병원, 식당, 대형 할인매장, 체인점 등 우리 주변의 일상적인 현상을 이런 연계의 관점을 통해서 보면 보다 흥미롭게 바라볼 수 있다. 일상적 경제 행위도 마찬가지이다. 물건 하나를 사더라도 그 가게를 중심으로 또 다른 경제 행위들이 서로 연계하여 존재함을 이해할 수 있다. 나의 경제 행위를 둘러싸고 수많은 연계들이 복잡하게 형성되어 있음을 새삼 느껴 본다.

프랜차이즈의 약과 독

　햄버거를 종종 먹는다. 우리 집 주위에도 다양한 햄버거 가게들이 많이 있다. 이때 어떤 햄버거를 먹을 것인가 보다는 어느 햄버거 가게로 갈 것인가를 중요시한다. 이 햄버거 가게들은 맥도날드, 버거킹, 파이브 가이즈 등과 같이 전 세계적인 상표에서부터 롯데리아, 맘스터치 등과 같이 국내 상표에 이르기까지 다양하다. 그리고 상표의 규모를 떠나서 이런 가게들의 공통점은 동일한 상호들을 사용하고 있는 집단이라는 점이다. 우리는 이런 가게들을 일컬어 프랜차이즈franchise라고 한다.

　프랜차이즈는 상품을 만들고 판매하는 사업자가 체인 본부를 만들고 가맹점을 지정하여 일정한 지역 내에서 독점적 영업권을 부여하는 사업 방식이다. 이 프랜차이즈에 가입한 가맹점은 사업자의 상호, 상표, 경영 노하우, 경험 등을 제공받고 그 대가로 사업자에게 로열티를 제공한다. 이는 사업자가 등록한 동일한 상호, 동일한 실내외 장식, 동일한 재료 등

대표적인 프랜차이즈인 버거킹 가게의 모습. 우리는 주변에서 다양한 모습과 형태로 성행하고 있는 프랜차이즈를 자주 이용하고 있다.

을 따르면서 동일한 이미지로 제품을 상품화하여 고객들의 입맛과 눈을 사로잡아서 이익을 극대화하기 위함이다. 프랜차이즈 사업 방식의 가장 강력한 장점은 소위 브랜드 파워다. 즉, 소비자들에게 널리 각인되어 있는 브랜드를 사용함으로써 안정적인 수익을 보장받을 수 있다.

지리학적 입장에서 보면, 프랜차이즈의 장점은 장소의 지원에 있다. 사업자가 가맹점이 창업할 때 사업장의 장소를 결정하는 데 도움을 주는 점이다. 가맹점이 목이 좋은 곳을 사업장으로 잡아야 사업의 성공을 담보할 수 있기에 사업자는 우선적으로 이것을 도와준다. 보통 사업장으로서 목이 좋은 곳은 사람과 차량의 통행이 빈번한 곳으로서 사람들의 접근성이 좋다. 이런 곳은 임대료 등이 비싸긴 해도 지속적인 수입을 보장해 줄 수 있다. 프랜차이즈 사업자는 상점이 입지할 곳의 주변 환경 조건, 주민들의 소득 수준 등을 종합적으로 고려하여 최종 입지를 결정한다. 이와 같이 프랜차이즈 사업자가 장소의 입지까지도 신경을 쓰는 것은 가맹점의 영업 이익이 저조하면 다른 가맹점을 모으는 데 불리하게 작용하기 때문이다.

우리의 생활 속에 깊게 파고들어 있는 프랜차이즈 경제가 사업자에게는 안정적인 수입을 주고, 소비자에게는 선택에 따른 위험 부담을 줄여주는 장점이 있는 반면, 프랜차이즈가 가져다주는 역기능을 걱정하지 않을 수 없다. 지나친 프랜차이즈화는 우리 사회를 동일한 맛과 멋으로 획일화시키고 있어서 로컬 브랜드를 지닌 다양하고 개성 있는 가게들의 상권 축소를 가져올 수도 있다. 또한 프랜차이즈 사업자, 즉 자본가의 횡포도 우려된다. 자본 앞에서 한없이 작아질 수밖에 없는 가맹점의 소자본가는 대자본가에 예속될 가능성이 더욱 커진다. 그리고 소비자 입장에서도 프랜차이즈가 지나치게 성행하는 경우 가게나 상품 등의 선택권은 점점 잠식당할 수밖에 없다. 자본의 측면에서는 지역 자본이 로열티와 각종 명목의 비용을 지불함으로써 중앙이나 다국적 기업 국가로 유출되는 문제가 야기되기도 한다. 프랜차이즈로부터 자유롭기가 쉽지 않은 시대, 별뜻 없이 자주 프랜차이즈를 택하기는 하지만 한편으로 이것이 주는 편리함에 너무 함몰되어 지역성이나 나의 선택권이 침해당하는 것에는 소홀히 하고 있는 것은 아닌가 반성해 본다.

자연을 거스르지 않고 단점을 장점으로, 유역 변경식 발전소

가을걷이가 끝날 즈음 점심을 먹으러 길을 떠났다. 늦가을의 정취가 묻어나는 한가한 시골길을 따라서 정읍시 칠보의 식당으로 향했다. 논에는 가을걷이의 부산물인 볏짚을 둘둘 만 두루마리 더미들이 텅 빈 들을 지키고 있었다. 그 논길 안쪽으로 허름한 시골 식당이 한 채 보였다. 옻닭 백숙을 파는 집이다. 주인이 손님보다 더욱 호들갑을 떤다. '옻이 오를 수 있다', '옻이 오르면 무지 간지럽다', '행여 옻이 오르면 간지러워도 절대 긁지 마라'와 같은 엄포에 잔뜩 겁을 먹은 나에게 주인은 두 알의 약을 건넸다. 이걸 먹고 옻닭을 먹으면 별 탈이 없단다. 점심을 잘 먹고 햇볕이 따사로운 곳에 나가서 커피를 한 잔 마시는데 멀리 낯선 시설물이 눈에 띈다. 주인에게 물어보니 칠보발전소라고 한다.

'아하, 섬진강 댐의 유역 변경식 발전소가 저것이로구나.' 하는 생각이 들었다. 전북특별자치도 정읍시의 산외 지역은 산을 사이에 두고서

섬진강 댐 유역 변경식 발전소의 도수로. 섬진강 물을 동진강 수계로 흘려보내며 전기를 얻고 농업용수와 공업용수를 충당하고 있다.

임실군 덕치 지역과 접해 있다. 산외는 동진강 수계에 속하고 덕치는 섬진강 수계에 속한다. 섬진강 수계는 동진강 수계에 비해서 수량이 풍부하고 산세가 험하다. 일제강점기 때 일본인들은 전북 서해안의 동진강과 만경강 하구에 있는 간석지를 대대적으로 간척하면서 많은 농업용수를 필요로 했다. 그래서 전북 동부 지역의 산지에서 발원하는 섬진강 물을 막아 산 너머의 동진강으로 흘려보내기 위하여 칠보 댐을 쌓았다. 그리고 칠보 댐 밑에 인공 터널을 뚫어 산 너머까지 이어지는 도수로導水路를 만들었다. 섬진강 쪽이 고지대이고 동진강 쪽은 저지대여서 물은 자연스럽게 높은 산에서 아래 평야로 흘러 내려가고, 기왕 내려가는 물의 낙차를 이용하여 터빈을 돌려 전기를 얻는다. 이러한 발전소를 유역 변경식 발전소라고 한다. 그리고 전기를 얻은 물을 동진강 수계로 흘려보내 평야 지역의 농업용수와 간척지의 관개용수로 사용하고 있다. 그러나 댐의 낮은 곳에서 흘러나온 물은 너무 차가워서 농작물이 냉해를 입을 수 있기 때문에 바로 농지로 보낼 수 없다. 그래서 물을 며칠간 저류지에 가두어 수온을 올린 후 내보낸다.

사진에 보이는 세 갈래의 관이 섬진강에서 동진강으로 물길을 바꿔서 흘려 보내는 수로다. 높은 곳에서 낮은 곳으로 흘려 내리면서 낙차의 에너지를 얻고, 많은 양의 물을 좁은 수로를 통해서 한꺼번에 빠져나가도록 함으로써 속도의 에너지를 얻는다. 이 힘으로 터빈을 더욱 세고 빠르게 돌려서 전기를 얻는다. 이런 기능을 하는 세 개의 수로 중 오른쪽의 두 개는 일제강점기 때, 왼쪽 것은 1965년에 칠보 댐 밑에 더 큰 댐인 섬진강 댐을 건설하면서 만들었다. 섬진강 댐을 만든 것은 유명한 계화도 간척지에 관개용수를 공급하기 위함이었다. 이 댐으로 고향을 잃은 수몰민들은 계화도 간척지로 이주했다.

유역 변경식 발전소는 동쪽이 높고 서쪽이 낮은 동고서저東高西低의 우리나라 지형을 활용한 발전 방식이다. 그리고 먹고사는 문제가 중요했던 시절에 쌀 독립국을 위한 농업 입국 정책과 석유 에너지를 보완하기 위한 전력 증산 정책의 소산이다. 한반도의 지형 조건을 크게 거스르지 않으면서 자연 조건을 극복하려는 사람들의 노력을 엿볼 수 있다.

고추장 하면 떠오르는 순창, 그 이유는?

깊어가는 가을에 순창으로 향한다. 순창에서는 축제가 한창이다. 저마다 순창의 먹을거리 자랑을 늘어놓는다. 사람들은 순창 하면 고추장을 떠올린다. 그래서 자연스럽게 순창 고추장이라 한다. 이 말은 순창 하면 고추장이고, 고추장 하면 순창이라는 뜻이다. 순창은 고추장의 대명사다. 순창과 고추장을 등식화할 수 있는 것은 순창 사람들의 오랜 경험과 노력과 삶의 결과다. 순창 고추장이라는 상표를 다른 지방이나 특정 회사가 영리를 목적으로 사용한다면, 오랫동안 지역 상품의 이미지를 만들어 온 사람들의 노력을 한꺼번에 빼앗는 행위와 같다. 천박한 천민 자본주의에서는 이런 일이 비일비재하다. 약삭빠른 자들이 제도적 허점을 이용하여 지역 특산품의 이름을 상표 등록하여 자신들의 독점적인 상표로 사용하는 경우가 자주 발생한다. 이럴 때 그 지역 주민들은 자본가의 하청업자로 전락하거나 상표의 사용 대가를 거꾸로 지불하는 횡포

순창 전통 고추장. 순창 고추장에는 순창 사람들의 오랜 경험과 노력과 삶이 스며들어 있다.

를 당하기도 한다. 이런 행위를 방지하기 위해서 만들어 놓은 것이 지리적 표시제geographical identification이다.

지리적 표시제는 명성이나 품질이 본질적으로 특정 지역의 기후, 지형, 하천 등 지리적 특성에 기인하는 경우 해당 농산물이나 가공품의 표현에 특정 장소의 명칭을 사용할 수 있게 하는 제도이다. 이 제도는 특정 지역의 농산물이나 특산품을 지역 명품으로 육성하기 위한 목적으로 시행되고 있다. 지리적 표시제로 등록을 하기 위해서는 해당 지역에 기원을 두어야 하고, 원산지에서 기인하는 특수한 품질을 지녀야 하며, 생산 가공 준비 과정이 해당 지역에서 이루어져야 한다. 지리적 표시제로 등록된 대표적 상품에는 보성녹차(제1호), 고창복분자주(제3호), 순창전통고추장(제8호), 이천쌀(제12호), 제주돼지고기(제18호), 안동포(제22호), 충주사과(제23호), 정선찰옥수수(제37호) 등이 있다.

이런 표시제는 오랜 시간 동안 지역 주민들이 만들어 놓은 브랜드 가치를 활용하여 지역 주민의 권익을 보호해 준다. 전통적인 생산 방법과 지역의 자연 자원을 보호하고 보존하는 데 도움을 줄 수 있다. 또한 지역 상품의 브랜드 가치를 유지하는 것은 상품의 신뢰도를 높여서 지역 주민의 이익을 극대화시킨다. 이는 거대 기업들과 공정 경쟁을 할 수 있는 보호 장치가 되고, 소비자에게는 정확한 정보를 주어 지역 상품을 제대로 살 수 있게 함으로써 만족도를 높여 준다. 지역의 브랜드 가치는 지역 상품의 홍보비를 줄일 수 있다. 지리적 표시제의 법적, 제도적 장치를 활용하면 지역 상품의 가치를 보호하고 더 나아가 쉽고 저렴하게 홍보를 할 수 있다. 이 제도를 통하여 이미 널리 알려진 이름값을 유지하는 것만으로도 상품 홍보는 저절로 되는 셈이다.

세계화 시대에 자유 무역을 지향하는 세계무역기구WTO의 규정은 지역 상품을 보호하지 못하는 한계가 있기 때문에 지구촌 곳곳에서도 지리적 표시제를 강화하고 있다. 특히 포도주, 치즈, 햄 등과 같은 유럽의 전통 상품은 이 제도를 이용하여 자신들의 기득권을 보호하고 이익을 높이기 위해 노력하고 있다.

지리적 표시제는 지역 상품의 원적을 보호해 줌으로써 지역의 정체성을 지켜 주는 방식이다. 교통과 통신의 발달로 지역의 독특성이 사라지고 있는 지금, 이 제도는 지역의 고유성을 보호하고 확대 재생산할 수 있는 방법으로 활용되고 있다. 국내에서는 수도권이 우리나라의 모든 것을 몽땅 빨아들이고, 세계적으로는 강대국이 약소국 국민들의 속옷까지 지배하려는 이 시대에 지리적 표시제가 국내외 지역의 자존감을 지키며 살아갈 수 있게 하는 작은 버팀목이 되어 주길 바란다.

경관 농업, 이미지를 파는 농촌

가족과 함께 따뜻한 남쪽 섬인 남해도로 휴가를 갔다. 바닷가를 따라 드라이브를 하는 것만으로도 충분히 아름다웠다. 섬의 끝자락에 이르니 가천 마을이 나타났다. 50여 채의 가옥으로 구성된 마을 주변의 산비탈에는 다랭이논(다랑논)이라고 불리는 100여 층의 계단식 논이 펼쳐져 있었다. 비탈진 경사면을 깎아 평평하게 만들었기에 좁고 긴 논배미가 층층으로 되어 있다. 산비탈의 경사면을 따라서 논들이 구불구불 이어져 있는 모습이 마치 지도의 등고선 같았다. 가천 마을 사람들은 대대로 돌을 치우고 경사지를 깎고 퇴비를 뿌려 경지로 만들었다. 겨울에는 마늘, 보리를 심고 4월에는 벼를 심어 농사를 짓는다. 멀리서 보면 다랭이 논은 더욱 아름답다. 이 경관을 보기 위해서 도시인들이 찾아오기 시작했고, 그것은 곧 돈이 되었다.

  농촌 지역에서 지형, 기후 등의 자연환경과 논, 꽃, 보리 재배 등의 농

경상남도 남해군 가천 마을의 다랭이논 전경. 이와 같은 매력적인 경관은 도시민의 발길을 이끌어 농촌의 활력을 되찾아 준다.

업 환경으로 이루어진 경관을 관광객들에게 제공하여 돈벌이를 하는 것이 경관 농업이다. 농지에 동질의 작물을 심어 가꾼 아름다운 농촌 경관을 도시민들이 보고 즐기도록 하는 것이다. 전통적인 농업 방식으로는 수지타산이 맞지 않게 된 농촌에서 소득을 올릴 수 있는 방안을 고민하던 중에 나온 농업 방식이다. 농촌은 도시민들에게 아름다운 농촌 경관과 쉼터를 제공하고, 도시민들은 잠시나마 복잡한 도시로부터 탈출하여 이곳에서 새로운 삶의 활력을 찾을 수 있다.

 농촌은 도시가 지니지 못한 장점, 즉 농촌 특유의 자연환경을 바탕으로 한 전원 풍경, 오랫동안 이어 내려온 전통적인 생활 방식, 안식을 줄 수 있는 넉넉한 만족감 등을 가지고 있다. 이는 농촌이 전통적인 농업 생산에서 벗어나 생활 공간, 환경 공간 등의 경관에 가치를 부여할 수 있게 만들었고, 이런 가치에 눈을 뜬 도시민들이 농촌을 찾고 있다.

경관 농업은 오늘날 농촌의 새로운 대안 산업으로 자리 잡고 있다. 지방 자치 단체에서는 농민이 농지에 기존 농작물 대신에 경관 작물을 재배함으로써 빚어지는 손해를 보전해 주고 있다. 현재 대표적인 경관 농업으로는 전북 고창의 청보리, 제주도의 유채꽃, 강원 평창의 메밀꽃 등이 있다. 경관 농업은 경관을 제공하여 소득을 올리는 농업이기에 농약이나 비료 등을 적게 뿌려서 환경 친화적이다. 그리고 도시와 농촌 간의 교류를 가져와 도시와 농촌이 상보적 관계를 유지할 수 있다. 하지만 경관 농업이 더욱 발달하기 위해서는 지역성을 배경으로 한 경관을 조성하고, 농촌 생활이나 환경 생태 체험 등을 할 수 있는 시설을 갖추어야 한다. 이럴 때 다른 지역과 차별성을 유지하면 보다 많이 부가 가치를 높일 수 있다.

미래 농촌의 경제 여건은 밝지만은 않다. 과거의 농업 생산 방식만으로는 서구의 거대 농업 자본에 맞서기가 힘에 부친다. 국가 정책도 농업 시장을 내주고 세계의 제조업 시장을 얻으려고 한다. 이런 시대에 경관 농업은 새로운 대안적 가치를 제시해 주고 있다. 농촌의 환경을 보전함으로써 농촌의 기능을 증진시키고, 도시민과의 적극적인 교류를 통하여 농촌의 활력을 찾는 통로가 되고 있다. 하지만 다양성을 지향해야 할 농촌마다 인위적으로 형성한 동질적인 경관으로 지나치게 단순화되지는 않을까 걱정을 해 본다.

제3세계 노동자와 공존을 모색하다

커피를 자주 그리고 하루에도 여러 잔을 마신다. 연구실이든 카페든 아니면 자동판매기든 다양한 장소에서 다양한 방식으로 커피를 즐긴다. 커피는 나의 생활 깊숙이 자리하고 있다. 은은한 커피 향을 코끝으로, 쓴 듯 달콤한 커피 맛을 혀로 느낀다. 늘 나의 곁에서 심심함을 달래 주는 커피를 마시는 데만 익숙하여 상표명만 주로 기억했지 이 커피가 어디에서 왔는지, 누가 커피를 따서 볶고 만들었는지에 대해서 깊게 생각해 보지 못했다. 보통 커피는 제3세계 국가의 노동자들이 만든 다음 주문자인 다국적 기업의 상표를 붙여서 세계 곳곳으로 팔려 나간다. 내가 즐겨 마시는 커피를 재배하고 따는 제3세계의 노동자를 생각하지 못하였다. 제3세계 노동자들은 생존을 위해서 힘들게 일을 하지만, 자신들이 만든 커피를 파는 사람에 비해서 노동의 대가가 매우 낮다. 이렇듯 커피를 대상으로 보면, 커피를 재배하는 농민은 돈을 적게 벌고, 커피를 사 먹는

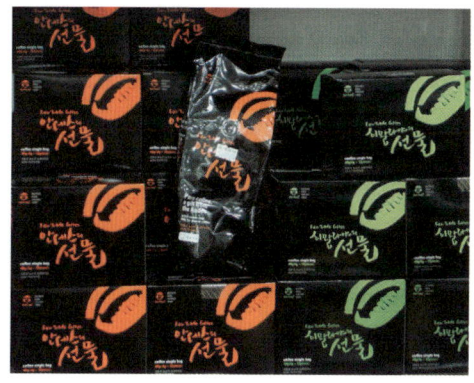

공정 무역으로 들여온 커피 상품에는 제3세계 노동자들의 보다 나은 미래가 담겨 있다.

사람은 비싸게 사고, 중간 가공업자나 유통업자는 지나치게 많은 이익을 취한다. 이것이 바로 불공정 무역unfair trade이다.

이런 불공정 무역을 개선하고자 나온 것이 공정 무역fair trade 혹은 대안 무역이다. 불공정 무역은 제3세계 노동자나 아동의 노동력을 착취하는, 심지어 학대하는 과정을 통하여 이익을 추구하기에 바람직하지 못하다. 공정 무역은 불공정 무역이 가지고 있는 불평등 구조를 개선하여 제3세계의 경제와 주민의 삶의 질을 살려 보고자 노력하고 있다. 공정 무역은 선진국의 소비자와 제3세계 국가의 농민이나 자영업자 등과 직거래를 지향한다. 이 과정에서 선진국 소비자는 정당한 가격을 지불하여 농산물이나 제품을 구입하고, 현지인들은 제값을 받아서 서로가 이익이 되도록 한다. 그리고 이를 중개하는 업자들의 지나친 이윤 추구를 방지하고자 한다. 결론적으로, 중간 제조업자나 유통업자들이 취하는 불공정한 부당 이익을 줄여서, 생산자에게는 적당한 가격을 보장해 주어 이익을 주고, 소비자에게는 보다 싼값으로 좋은 상품을 살 수 있게 해 주어 경제 주체들의 만족감을 높이고 있다. 농업의 경우에는 농사를 짓는 현지 농민들과의 계약 재배를 통하여 농산물을 구입하여 이를 소비자들에게 공급한다. 이럴 경우 그동안 자본의 횡포로 자행되었던, 제3세계의 산림을 지나치게 개간하여 농장을 확대함으로써 지역 환경을 파괴하는 일이나 농산물의 소출을 늘리기 위해서 무분별하게 농약을 살포하는 일 등을 방지할 수 있다. 그 대상은 커피, 설탕, 바나나, 초콜릿, 아보카도 등으로 확대되고 있다. 유럽을 중심으로 시작한 공정 무역은 우리나라에서도 많이 성장하고 있다.

무역은 비교 우위에 있는 것들을 상호 교환하여 서로에게 이익을 줌으로써 서로 만족하는 행위이다. 그러나 선진국의 기업들은 상호 이익이 아닌, 일방적인 자기 이익만을 지나치게 추구하고 있다. 그 이익이 국제적 혹은 사회적 약자의 희생을 바탕으로 이루어지는 경우에는 더더욱 아름답지 못하다. 그러나 우리 소비자들의 분별 있는 소비 행위만으로도 제3세계의 약자들에게 보다 많은 이익을 줄 수 있는 경제 활동을 할 수 있다. 커피 한 잔을 마시더라도, 축구공을 한 번 차더라도, 초콜릿 하나를 먹더라도 우리가 돌려주어야 할 제3세계 노동자들의 고된 노동의 대가를 생각하면서 소비 행위를 해야 할 이유가 여기에 있다. 세계 속의 오늘을 사는 우리의 작은 실천을 통하여 더불어 사는 세계가 보다 빨리 이룩되길 기원한다.

터미널은 지역 간 이동의 전진 기지다

　자가운전을 하면서 대중교통을 이용할 기회가 많이 줄었다. 그래도 서울을 다녀오는 경우나 한적하고 여유롭게 주변의 풍광을 보고 싶을 때는 고속버스나 직행버스 등을 이용한다. 서울에 가기 위해 전주 고속버스 터미널에 갔다. 터미널 안에는 매표창구가 있고, 승강장에는 고속버스들이 자신의 이정표대로 정차하여 승객을 기다리고 있다. 매표소 위에는 버스 행선지와 배차 시간들이 빼곡하게 적혀 있다. 나는 고속버스를 타기 위해서 먼저 행선지의 버스 시간을 살펴보고 승강장 번호를 확인한 후 버스를 타러 갔다.
　고속버스 터미널에서는 고속버스가 정해진 도시로 정해진 시간에 출발하고 다른 도시에서 출발한 고속버스가 시간을 맞추려 애쓰면서 도착하는 일이 반복적으로 일어난다. 터미널을 오가는 버스들은 사람들과 함께 물건도 실어 나른다. 버스를 이용하여 사람과 물건이 오가면 돈도

고속버스 터미널에서는 도시 간의 공간적 상호 작용을 엿볼 수 있다.

오가고 정보도 오간다. 어느 곳에서 그리고 어느 곳으로 사람과 물건이 오가는가를 아는 방법은 버스 터미널이나 웹사이트에서 행선지들을 알아보고 행선지별 버스 운행 횟수를 살펴보는 것이다. 버스의 운행 횟수는 행선지 도시마다 다르다. 버스의 운행 횟수가 많은 도시일수록 그 도시와의 사람과 물류의 이동량이 많고, 반대로 횟수가 적은 도시일수록 그 이동량이 적다. 전주를 예로 보면, 서울, 대전과 광주와의 운행 횟수는 많은 반면, 대구, 부산, 춘천, 청주 등과의 운행 횟수는 적다. 전자의 도시들과의 공간적 상호 작용은 높고, 후자의 도시들과의 공간적 상호 작용은 낮다고 볼 수 있다.

한 도시와 다른 도시 간에 물류 및 사람 등이 오가는 현상을 공간적 상호 작용이라고 한다. 보통 공간적 상호 작용의 정도는 교류하는 두 도시의 인구수에 비례한다. 두 도시의 인구수가 많으면 많을수록 두 도시 간의 이동량은 커진다. 때문에 도시의 공간적 상호 작용을 늘리기 위해서는 인구 규모의 증가가 중요하다. 이에 반해 공간적 상호 작용은 두 도시 간의 거리에 반비례한다. 즉, 두 도시 간의 거리가 멀수록 이동량은 적어진다. 두 도시 간의 거리를 줄임으로써 이를 극복할 수는 있지만 다른 도시와의 물리적 거리는 단축시킬 수 없으므로 시간 거리를 줄여서 도시 간의 공간적 상호 작용을 증가시킬 수 있다. 시간 거리를 줄이는 것은 교통 조건의 개선으로 가능하다. 고속 도로나 고속 철도의 건설 등 교통 조건을 개선하여 이동 시간을 줄임으로써 물리적 거리를 극복하고 있다.

그러나 두 도시 간의 교통 조건이 개선됨으로써 공간적 상호 작용은 증가되고 있으나 이로 인한 역기능도 발생하고 있다. 도시의 규모가 서로 달라서 일어나는 현상으로 작은 도시는 교통 조건이 개선됨으로써 사람과 물류의 이동면에서 유입보다는 유출이 커지곤 한다. 이렇게 되면 작은 도시는 큰 도시로 종속된다. 우리나라의 지방 도시들이 서울을 비롯한 수도권 도시에 종속되어 맥을 못 추는 것도 이런 원리다. 그 예로, 경부고속철도의 개통으로 서울로의 이동 시간이 단축되면서 대구와 대전의 서울 종속도가 오히려 더 심화되는 부작용을 낳고 있다.

한 도시는 다른 도시들과 부단한 공간적 상호 작용을 통하여 존재한다. 그 공간적 상호 작용이 어떤 모습으로 일어나고 있는가를 터미널의 이정표가 보여 주고 있다. 터미널에서 심심하면 이정표를 들여다보자. 내가 머물고 있는 도시와 행선지 도시와의 상호 작용 정도를 가늠해 보면 앞으로의 여행이 한층더 의미 있지 않을까.

편의점: 일상의 삶을 영위하는 장소

　나는 편의점에 자주 간다. 주변에는 다양한 프랜차이즈 상호명을 가진 편의점이 즐비하다. 편의점은 말 그대로 편리한 가게이다. 편의점의 편리함에는 빠름이 있다. 대형 마트에서 동선을 길게 하여 물건을 고르고 사는 것과 달리, 편의점은 좁은 공간에서 일상생활에 꼭 필요한 물품을 빠르게 살 수 있다. 편의점은 소비자의 욕구에 빠른 대응을 해 주고, 소비자는 그에 응당한 대가를 지불한다.

　편리함에는 짧음도 있다. 소비자가 편의점에 머무는 시간은 짧다. 편의점에서는 주말에 대형 마트에서처럼 긴 시간을 투자하여 일주일 동안 소비할 물품이나 식료품을 구매하지 않는다. 편의점은 출퇴근길, 등하굣길 등에 지극히 짧은 시간을 투자하여 들르는 곳이다. 그래서 소비자는 편의점에서 꼭 필요한 물품을 사거나 음식을 먹는 등의 즉석 행위를 한다. 편의점은 짧은 시간 안에 소비자의 욕구를 충족시켜야 한다. 즉,

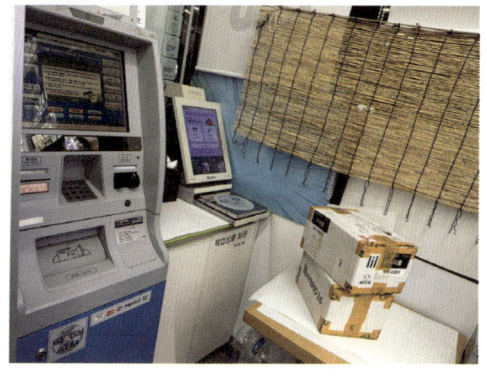

상: 길거리의 편의점 모습
우: 편의점에서 가능한 각종 기능들

소비자가 원하는 바를 신속하고 정확하게 공급하여 소비자에게 만족을 팔아서 이윤을 추구한다. 최근에는 특히 일인 가구의 증가, 학생들의 이용 증가 등으로 편의점은 혼밥의 장소, 친구와의 짧은 수다방으로서 기능이 강화되고 있다.

편리함에는 다양함이 있다. 편의점의 공간은 좁다. 좁은 공간에서 다양한 소비자의 선호를 만족시키기 위해서는 소량의 다품종을 구비해 둔다. 성별, 직업별, 거주지별 등 구매자의 선호를 만족시키는 데 있어서 꼭 그리고 급하게 필요한 물품이나 식료품을 다양하게 구비해서 고객을 만족시키고자 한다. 편의점에서는 물품이나 식품의 양이 많거나 클 필요가 별로 없다. 편의점에는 소비자를 만족시킬 작고 깜찍하고 아담하고 질이 좋고 짧게 사용할 다양한 물건들이 있다.

편의점은 네트워크의 중심지로서 기능도 감당하고 있다. 편의점에서 택배 물건을 보내기도 하고 받아주기도 한다. 집과 일터 등으로 오가는 동선에 자리한 편의점에서 손쉽게 물건을 보내고 받을 수 있다. 이런 면에서 편의점은 단순히 물건을 사고파는 기능을 넘어 네트워크 기능도 수행하고 있다. 편의점의 네트워크 범위는 생활 공간을 넘어서 우리가 연계 가능한 모든 공간까지 이어질 것이다.

편리함에는 항시성恒時性이 있다. 편의점은 항상 문이 열려 있다. 그래서 편의점에서는 판매자가 정한 영업시간에 구애받지 않는다. 소비 욕구가 발동할 때는 언제든지 구매하여 욕구를 충족시킬 수 있는 곳이다. 편의점은 24시간 운영이라는 강력한 무기를 장착해서 소비자의 상시적 욕구를 만족시키는 곳이다. 그래서 편의점은 소비 욕구를 언제나 충족시켜 줄 준비가 되어 있는 곳이다.

편의점은 누구나 언제든지 소비를 할 수 있는 편리한 일상의 장소이다. 그 편리함의 대가를 기꺼이 지불할 만한 가치를 지닌 장소로 인정받기에 충분한 곳이다. 나는 오늘 삼각김밥에 바나나 우유를 먹으러 편의점으로 간다.

인터넷 플랫폼 시장:
문전 연결성의 강화를 가져온 구매 시장

 이른 아침 현관문을 연다. 약속한 택배가 어김없이 현관문 앞의 왼쪽에 놓여 있다. 어느덧 시장이나 대형 마트에 가지 않아도 물건을 사고, 그것을 배달받을 수 있는 편리한 사회에 살고 있다. 인터넷이 발달한 사회에서 구매 행태도 변화했고, 그 변화에 발 빠르게 적응하고 있다. 이러한 배달의 출발은 인터넷 구매 플랫폼이다. 이곳에서는 직접 실물을 보지 않고도 다양한 물건을 적절한 가격에 맞추어 구매할 수 있다. 가상공간인 플랫폼이 시장의 전통적인 기능을 대신하고 있다.
 현실 공간에서의 시장은 가상 공간의 시장으로 빠르게 대체되고 있다. 가상공간의 시장 규모는 날로 커져 이미 공룡으로 성장하고 있다. 구매 행태의 변화는 바쁜 현대인들에게 접근의 편리함을 주고 있다. 가상 공간과 현실 시장과의 차이가 크지 않은 조건에서 편리함은 의사결정의 중요한 인자로 자리하고 있다. 편리함이 주는 편익이 너무도 크기에 가상 공간에서의 구매를 훨씬 선호할 수 있다. 현대인의 바쁜 일상은 시간의 절약을 원한다. 출퇴근, 육아, 여행, 업무, 야근, 자녀 교육 등으로 분주한 일상에서 시간이 매우 중요한 비용 인자가 된 지는 오래다. 초경쟁 사회에서 학업, 업무, 육아 등의 수행에 집중하기 위해서는 시간 비용을 줄여야 한다. 이런 경우 가상 공간인 플랫폼 시장을 적극적으로 활용할 수 있다.

가상 공간의 시장인 구매 플랫폼은 소비자와 구매 물건 사이의 문전 연결성을 높여 주고 있다. 신속함을 동반하여 구매 물건을 집에까지 연결해 주는 편리함을 사람들이 포기하기란 쉽지 않다. 가상 공간의 시장은 전통적인 시장보다 물류 비용, 즉 임대료, 보관료 등과 인건비 등의 경직성 비용을 축소하여 상대적으로 저렴한 시장 가격으로 물건을 공급한다. 그리고 제품을 생산자나 생산지로부터 대량 구매하여 가격 경쟁력을 높여서 소비자의 의사결정을 돕고 있다. 가상의 공간을 이용한 플랫폼 시장은 인터넷 시대에 필수적인 경제 요소로 자리잡고 있다. 여기에는 생산자와 배송자, 플랫폼 회사, 회사와 배달 노동자, 배달 노동자와 소비자를 이어 주는 연계가 있다. 그 연계의 중심에 서서 플랫폼 시장은 결국 생산자와 소비자 사이의 링커로서 기능하여 이윤을 추구한다. 하지만 중간자인 거간의 역할을 하는 링커가 막대한 이윤을 차지하는 것은 바람직하지 않다. 구매와 판매라는 연계 기능을 과점하여 과다이익을 취하는 행위는 공정하지 않다. 그리고 과잉 시장 점유로 소비자의 시장 접근성과 선택권을 지배함으로써 소비자의 합리적 의사결정을 흐리게 하는 것은 정의롭지도 공정하지도 못하다.

문 앞까지 배달된 물건들

　인터넷 시대와 글로벌 시대를 살아간다면, 편리한 문전 연결성을 활용한 플랫폼 시장의 대세를 받아들일 수밖에 없다. 하지만 발 빠르게 시장 형태의 변화와 소비자의 편의를 도와서 성장한 가상 공간의 플랫폼 시장이 소비자의 지속 가능한 소비 행위와 합리적이고 경제적인 소비 행위를 독점 지배하려 드는 행위는 용납하기 어렵다. 시장의 지배력을 바탕으로 고객의 소비 취향과 만족도를 높여서 고객들에게 선한 영향력을 미치길 기대해 본다.

하우스 감자는 봄 감자의 대명사

여름으로 접어들면서 텃밭 농사를 짓는 친구로부터 하지 감자를 받았다. 하지를 즈음해서 수확하는 하지 감자는 가난한 시절에 사람들이 배고픔을 이겨 낼 수 있도록 도움을 준 대표적인 구황 작물이다. 하지만 지금은 우리 생활의 미식을 높여 주는 주요 농산물이자 음식 재료로서 널리 활용되고 있다. 하지 감자와 비교되는 감자가 있는데 그것은 봄 감자이다. 하지 감자보다 이른 시기인 봄철에 수확하는 감자를 말한다.

봄 감자의 주요 생산지는 전북 김제시 광활면이다. 이곳은 일제 강점기에 동진강 하구를 간척하여 농지로 개간한 간척지로서 그 땅이 워낙 넓어서 지명도 광활廣闊이다. 초기 정착민들은 광활한 땅의 길가에 6채씩 집을 지어 살면서 농사를 지었다. 가을 추수를 마친 논에는 햇빛에 반짝이는 비닐하우스로 가득하였다. 엄청난 규모의 비닐하우스 안으로 들어가 보니 밭이랑 위에 감자꽃이 흐드러지게 피어 있었다.

봄 감자 재배를 위한 비닐하우스 시설 자재. 가을 추수를 마치면 논에 비닐하우스를 설치하여 감자를 재배한다.

전북특별자치도 김제시 광활면의 봄 감자 재배를 위한 비닐하우스

 이곳의 하우스 감자 농사는 가을걷이를 마친 논에 부지런히 비닐하우스를 설치한 후 씨감자를 심는 2모작 방식으로 이루어진다. 12월 초~1월 초에 씨감자를 심고, 4월 초~5월 초 봄에 감자를 수확한다. 과거에는 벼와 딸기 농사를 중심으로 이모작을 하였으나, 딸기 농사가 워낙 노동력을 많이 필요로 해서 농부들이 쉴 틈이 부족하였다. 그래서 1970

겨울철 광활면의 비닐하우스. 감자꽃이 피고 지면 봄 감자를 얻을 수 있다.

년대에 딸기보다 수익은 적지만 일손이 상대적으로 적게 드는 하우스 감자를 재배하기 시작하였다. 그 결과, 1990년대부터 광활면 일대는 봄 감자 전국 생산량의 20% 이상을 차지할 정도로 전국적인 유명세를 얻었다. 이곳의 봄 감자는 육질이 단단하며 당도가 높고, 또 하지 감자보다 빠른 시기인 봄철에 출하해서 비싼 가격을 받을 수 있는 장점이 있다.

 이곳 하우스 감자 농사에는 토질이 큰 영향을 주었다. 주민들은 이곳 간척지 땅을 '볼땅'과 '질땅'으로 나누었다. 볼땅은 상대적으로 점토질이 적어서 푸석푸석한 편이고, 질땅은 점토질이 많아서 찰지고 물기를 많이 함유하고 있다. 하우스 감자는 주로 '볼땅'에서 많이 재배하는데, 밭작물인 감자는 배수가 중요하기 때문이다. 주민들은 오랜 농사 경험과 지식으로 하우스 감자 농사에 보다 적합한 '볼땅'을 알아볼 수 있었다.

이곳 하우스 감자 농사에 또 하나의 중요한 요소는 퇴비이다. 이곳 땅은 겨울철 휴경을 하지 않고 2모작을 하기에 지력이 약한 편이어서 돈분, 즉 돼지 똥으로 만든 퇴비를 쓰고 있다. 하지만 돈분 퇴비를 너무 많이 감자밭에 뿌리면 퇴비가 분해되면서 비닐하우스 안에 메탄가스를 발생시켜 감자 농사에 해를 끼칠 수 있다. 농사의 고수들은 감자밭에 뿌리는 최적의 퇴비량을 오랜 농사 경험으로 알고 있다.

 광활면 일대에서는 겨울 추위를 비닐하우스의 온실로 막아 내고 그 안의 열기로 하우스 감자가 자라고 있다. 하얗거나 보랏빛의 감자꽃이 피고 지면 알토란 같은 봄 감자를 얻을 수 있다. 봄 감자는 이런 과정을 거쳐서 봄의 전령사로서 우리의 식탁에 봄소식을 전해 주고 있다.

제주의 마을 어장과 해녀 문화에서 본 공유 경제

　제주도에 여행을 가곤 한다. 일상의 분주함에서 벗어나 쉼을 갖기 위함이다. 남녘 바다의 푸르름과 이국적인 경관이 여행객을 맞아 준다. 제주의 해안가에는 과거 용천대를 중심으로 형성된 마을들이 있다. 해안의 작은 마을에는 돌담, 어구, 키 낮은 집, 잎 넓은 후박나무 등이 있다. 그리고 마을과 바다를 이어 주는 작은 포구가 있다. 바닷가는 현무암과 모래사장이 모습을 드러내고 잠기기를 반복하고 있다.

　해안 마을을 지나다 보면 돌로 지은 작은 시설인 불턱을 만난다. 불턱은 이곳에 마을 어장과 해녀들이 있음을 말해 준다. 불턱은 달팽이처럼 곡선으로 되어 있고, 내부에는 앉을 자리와 물질을 마친 해녀들이 체온을 올릴 수 있는 화로가 있다. 불턱은 해녀들이 앉으면 밖에서 볼 수 없을 정도의 높이이다. 과거 해녀들은 이곳에서 잠수복을 갈아입기도 하였다. 해녀들은 이곳에서 체온을 올리면서 마을의 일거리나 잠수회 운영, 마을 규약의 제정 등을 상의하고 결정하기도 한다. 불턱은 마을 공동체를 유지 발전시키는 데 있어서 크게 기여해 온 마을의 자산이다.

불턱은 주로 해녀들이 물질을 하는 마을 어장의 입구에 있다. 마을 어장은 마을 주민들이 함께 소유하는 총유總有 재산이다. 해녀들이 함께 해산물을 채취하는 공동 어장이어서 공유재이다. 주민들이 공유재를 가지고 경제 생활을 하기에 마을에는 자연스럽게 공동체 문화가 형성되어 있다. 해녀들은 해산물의 채취 금지 시기를 스스로 정하여 바다 자원을 보호하고 있다. 톳, 우뭇가사리, 소라, 해삼, 미역, 전복 등의 해산물 채취 시기를 엄격하게 지키고 있다. 특히 해산물 중 전복 10cm 이하, 소라 7cm 이하, 오분자기 3.5cm 이하는 연중 포획을 금지하고 있다. 이처럼 해녀들은 해산물 자원을 미래에도 채취할 수 있도록 스스로 절제함으로써 지속 가능한 바다의 삶을 만들어 가고 있다.

바다의 제주 사투리인 바당에는 특별히 지정된 구역이 있는데, 여기서 공동 작업을 해서 얻은 이익은 마을 공동체를 위한 특별 사업 기금으로 활용하기도 한다. 예를 들어, '학교 바당'에서 나온 이익은 어린이들을 위한 초등학교 건설 비용으로 사용되었다. '할망 바당'은 고령의 해녀를 배려하는 바다이다. 먼 곳까지 나가서 물질을 하기 어려운 고령의 해녀들에게 마을 가까운 곳에서 물질을 하도록 배려하였다. 고령의 해녀들이 생활을 영유할 수 있도록 도움을 주는 방법이다. 이처럼 해녀들은 바다에서 거친 일을 하면서도 함께 돕고 배려하고 연대하여 공동체의 번영을 위해 애쓰고 있다.

마을을 돌면서 눈에 보이는 불턱의 탁자에 자리 잡고 앉아 해녀들의

제주특별자치도 제주시 하도리 해녀 불턱의 모습

제주특별자치도 제주시 하도리 마을 어장의 모습

삶과 문화를 생각해 본다. 해녀들은 바다에서 테왁이라는 작디작은 부표 하나를 의지하고서 해산물을 채취하며 살아갈 정도의 강한 생명력을 지니고 있다. 해녀들은 할망, 미래세대 등을 도우면서 더불어사는 삶을 몸소 실행하고 있다. 우리는 해녀들이 남긴 공동체 문화를 함께 공유하고 전수할 필요가 있다. 이미 유네스코는 제주의 해녀 문화를 인류무형문화유산으로 등록하여 그 가치를 보전하고 있다.

생활 인구: 인구 감소 지역의 살아남기 위한 몸부림

　지역의 소식을 TV 뉴스를 통해 자주 듣곤 한다. 오늘의 뉴스는 전북특별자치도 남원시의 생활 인구가 10만 명을 넘었다는 소식이다. 인구는 대체로 인구수를 의미한다. 인구수는 대통령, 국회의원, 지방자치단체장 등의 선거를 할 때 자주 접한다. 우리나라의 인구는 절반이 넘는 수가 수도권인 서울, 인천과 경기에 집중해 있다. 이 말은 수도권을 제외한 지역들의 인구수가 절반이 안 된다는 의미이다. 수도권을 제외한 전국의 인구수가 급격하게 감소하고 있다. 특히 농산어촌을 중심으로 한 지역의 인구 감소는 매우 심각한 처지에 놓여 있다. 그래서 지역 소멸이라는 말이 공공연하게 회자되고 있다.

　인구 감소는 국가 전체의 문제이기도 하지만 일부 지역에서는 생존을 위협하는 절박한 문제이다. 그래서 도입한 인구 개념이 생활 인구이다. 생활 인구는 일본에서 개발한 관계 인구의 개념을 우리나라의 개념으로

전북특별자치도 남원시의 생활 인구 정책 홍보 자료

순화한 것이다. 사실 일본에서 개발한 용어인 지역 소멸, 관계 인구 등의 개념을 선호하지는 않지만, 그런 개념들이 인구 감소 지역의 절박한 현실을 반영하는 데 있어서 매우 적절하다는 점을 부인할 수가 없다. 인구 감소 지역에서는 절대 인구가 줄고 있으며, 특히 유소년층과 경제활동인구층이 현격하게 줄어들어서 초고령화 사회에 접어든 지가 오래다. 그 결과, 수도권으로의 인구 쏠림이라는 파고에서 생존하기 위한 몸부림으로 생활 인구를 받아들였다. 주민으로 등록한 사람 수인 정주 인구

보다 많은 수로 인구수를 늘리기 위한 고육책이다.

우리나라의 '인구감소지역지원특별법'은 생활 인구를 특정 지역에 거주하거나 체류하면서 생활을 영위하는 사람으로 정의하고 있다. 그리고 생활 인구에 해당하는 사람들을 '가.「주민등록법」제6조 제1항에 따라 주민으로 등록한 사람, 나. 통근, 통학, 관광, 휴양, 업무, 정기적 교류 등의 목적으로 특정 지역을 방문하여 체류하는 사람으로서 대통령령으로 정하는 요건에 해당하는 사람, 다. 외국인 중 대통령령으로 정하는 요건에 해당하는 사람'으로 구체화하여 명시하고 있다. 이런 생활 인구를 도입한 이유를 '인구 감소 위기 대응을 위한 지방자치단체의 자율적·주도적 지역 발전과 국가 차원의 지역 맞춤형 종합 지원 체계를 구축하고, 지방자치단체 간 및 국가와 지방자치단체 간 연계·협력 활성화 방안과 인구 감소 지역에 대한 특례 등을 규정함으로써 인구 감소 지역의 정주 여건을 개선하고 지역의 활력을 도모하여 국가 균형 발전에 기여하는 것'이라는 인구감소지역지원특별법의 제1조(목적)에서 추론할 수 있다.

생활 인구는 정주 인구와 함께 지역에 일시적으로 체류하는 사람과 외국인을 포함하는 포괄적인 개념이다. 생활 인구의 기본 취지는 생활 인구라는 개념을 도입하여 주민등록상의 인구보다 더 많은 사람들이 지역을 토대로 살아가고 있음을 보여 주려는 의도를 가지고 있다. 예를 들어, 일주일 중 5일은 도시 그리고 2일은 촌락에서 생활하는 5도都 2촌村 정책, 한 달 살기 운동, 귀농 귀촌 정책 등도 생활 인구를 늘리려는 의도를 가진 대표적인 사례들이다. 생활 인구는 교통과 통신의 발달로 인한 사람들의 이동력과 활동력의 증가로 인하여 가능하다. 정주 인구와 함께 지역을 오가는 인구수까지 합하여 인구의 몸짓을 늘리고자 한다. 지역 인구 감소로 인한 지역 소멸을 늦추어 보려는 눈물 어린 몸부림이자, 다른 한편으로는 유구한 전통과 삶의 장소인 지역을 살리고자 하는 진정 어린 사랑의 실천이다.